1+X 职业技术·职业资格培训教材

SHIPINJIANYANYUAN

食品检验员(五级)

编写单位

上海市质量检测行业协会
上海质量教育培训中心

本书编委会

主　任	唐晓芬	周永清		
副主任	陈晓军	巢强国	周惠芬	
委　员	周荣英	王金德	薛　亮	郑万军
	曹程明	钟全斌	李　平	
主　编	郑吉园			
副主编	薛　亮	周惠芬	巢强国	李　平
编　者	梅雯芳	沈　红	王　颖	朱建新
	张　敏	倪建平	张　辉	张清平
	张伊青	潘　盈	杨　跃	
主　审	杨景贤	陈　敏		

U0393253

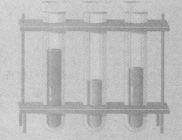

中国劳动社会保障出版社

图书在版编目（CIP）数据

食品检验员：五级/人力资源和社会保障部教材办公室等组织编写. —北京：中国劳动社会保障出版社，2014

1＋X 职业技术·职业资格培训教材

ISBN 978-7-5167-1390-7

Ⅰ.①食…　Ⅱ.①人…　Ⅲ.①食品检验-技术培训-教材　Ⅳ.①TS207.3

中国版本图书馆 CIP 数据核字（2014）第 210841 号

中国劳动社会保障出版社出版发行

（北京市惠新东街 1 号　邮政编码：100029）

＊

北京宏伟双华印刷有限公司印刷装订　　新华书店经销

787 毫米×1092 毫米　16 开本　14.25 印张　270 千字
2014 年 9 月第 1 版　　2014 年 9 月第 1 次印刷

定价：33.00 元

读者服务部电话：（010）64929211/64921644/84643933
发行部电话：（010）64961894
出版社网址：http://www.class.com.cn

内 容 简 介

　　本教材由人力资源和社会保障部教材办公室、中国就业培训技术指导中心上海分中心、上海市职业技能鉴定中心依据上海1＋X食品检验工（五级）职业技能鉴定细目组织编写。教材从强化培养操作技能，掌握实用技术的角度出发，较好地体现了当前最新的实用知识与操作技术，对于提高从业人员基本素质，掌握食品检验工的核心知识与技能有直接的帮助和指导作用。

　　本教材在编写中摒弃了传统教材注重系统性、理论性和完整性的编写方法，而是根据本职业的工作特点，从掌握实用操作技能和能力培养为根本出发点，采用模块化的编写方式。全书共分为3章，内容包括：检验的前期准备及仪器的维护，检验，检验结果分析等。全书后附有知识考试模拟试卷和操作技能考核模拟试卷。

　　本教材可作为食品检验工（五级）职业技能培训与鉴定考核教材，也可供全国中等、高等职业院校相关专业师生参考使用，以及本职业从业人员培训使用。

前　言

　　职业培训制度的积极推进，尤其是职业资格证书制度的推行，为广大劳动者系统地学习相关职业的知识和技能，提高就业能力、工作能力和职业转换能力提供了可能，同时也为企业选择适应生产需要的合格劳动者提供了依据。

　　随着我国科学技术的飞速发展和产业结构的不断调整，各种新兴职业应运而生，传统职业中也愈来愈多、愈来愈快地融进了各种新知识、新技术和新工艺。因此，加快培养合格的、适应现代化建设要求的高技能人才就显得尤为迫切。近年来，上海市在加快高技能人才建设方面进行了有益的探索，积累了丰富而宝贵的经验。为优化人力资源结构，加快高技能人才队伍建设，上海市人力资源和社会保障局在提升职业标准、完善技能鉴定方面做了积极的探索和尝试，推出了1＋X培训与鉴定模式。1＋X中的1代表国家职业标准，X是为适应经济发展的需要，对职业的部分知识和技能要求进行的扩充和更新。随着经济发展和技术进步，X将不断被赋予新的内涵，不断得到深化和提升。

　　上海市1＋X培训与鉴定模式，得到了国家人力资源和社会保障部的支持和肯定。为配合1＋X培训与鉴定的需要，人力资源和社会保障部教材办公室、中国就业培训技术指导中心上海分中心、上海市职业技能鉴定中心联合组织有关方面的专家、技术人员共同编写了职业技术·职业资格培训系列教材。

　　职业技术·职业资格培训教材严格按照1＋X鉴定考核细目进行编写，教材内容充分反映了当前从事职业活动所需要的核心知识与技能，较好地体现了适用性、先进性与前瞻性。聘请编写1＋X鉴定考核细目的专家，以及相关行业的专家参与教材的编审工作，保证了教材内容的科学性及与鉴定考核细目以及题库的紧密衔接。

　　职业技术·职业资格培训教材突出了适应职业技能培训的特色，使读者通过学习与培训，不仅有助于通过鉴定考核，而且能够有针对性地进行系统学习，真正掌握本职业的核心技术与操作技能，从而实现从懂得了什么到会做什么的飞跃。

职业技术·职业资格培训教材立足于国家职业标准，也可为全国其他省市开展新职业、新技术职业培训和鉴定考核，以及高技能人才培养提供借鉴或参考。

新教材的编写是一项探索性工作，由于时间紧迫，不足之处在所难免，欢迎各使用单位及个人对教材提出宝贵意见和建议，以便教材修订时补充更正。

人力资源和社会保障部教材办公室
中国就业培训技术指导中心上海分中心
上海市职业技能鉴定中心

目　录

第1章

检验的前期准备及仪器的维护

第1节 检验的前期准备

 学习单元1 食品质量检验的基础知识

 学习目标

了解食品质量检验工作的任务、内容与作用。

了解食品质量检验的标准、相关法律法规要求。

熟悉食品检验员的岗位职责和实验室的安全知识。

 知识要求

食品质量检验是研究和探讨食品品质和食品卫生及其变化的一门学科。食品是指各种供人食用或者饮用的成品和原料及按照传统既是食品又是药品的物品,但是不包括以治疗为目的的物品。食品包括加工食品、半成品和未加工食品,但不包括烟草或只作为药品用的物质。食品的种类见表1—1。

表1—1　　　　　　　　　　　　　食品的种类

食品的种类	定　义	举　例
加工食品	经过一定的工艺进行加工后生产出来的以供人们食用或者饮用为目的的制成品	大米、小麦粉、果汁饮料
半成品	经过一定生产过程,仍需进一步加工的中间食品	方便面、汤圆、水饺、蒸饺及搭配好的肉、鱼、蛋、蔬菜
未加工食品	在大自然中生长的、未经加工制作、可供人类食用的物品	水果、蔬菜、谷物类

质量是指一组固有特性满足要求的程度。从质量的定义中,可以看到:质量的内涵是由一组固有特性组成,并且这些固有特性是以满足顾客及其相关方所要求的能力加以

表征。

检验是指通过观察和判断，适当结合测量、试验所进行的符合性的评价。

一、食品质量检验

1. 食品质量检验的定义

食品质量检验是指对食品的一个或多个质量特性进行观察、测量、试验，并将结果和规定的质量要求进行比较，以确定每项质量特性合格情况的技术性检查活动。

2. 食品质量检验的任务

食品质量检验的任务是依据物理、化学、生物化学等学科的基础理论和国家食品安全标准，运用现代科学技术和分析手段，对食品（包括原辅料、半成品及成品）的各类指标进行检测，以保证产品的质量。

3. 食品质量检验的内容

食品质量检验的内容是采用一定的检验测试手段和方法，对食品原材料、半成品和成品进行感官、理化、微生物和安全性检验。

4. 食品质量检验的作用

食品质量检验的作用是对食品的质量把关，预防不合格产品出厂，根据产品指标进行具体分析，找出不合格原因并采取相应的纠正措施，保证人们的食品安全。

5. 食品质量检验的依据

产品的质量特性一般都可以转化为具体的技术要求，并在产品的技术标准（国家标准、行业标准、地方标准、企业标准）和其他相关的产品设计图样、作业文件或检验规程中明确规定，成为质量检验的技术依据和检验后比较检验结果的基础。

食品质量检验的依据分为相关的技术标准、产品标准和相应的检验方法标准。

企业生产的食品没有食品安全国家标准、行业标准或者地方标准的，应当制定企业标准。原则上鼓励食品生产企业制定严于食品安全国家标准、行业标准或者地方标准的企业标准。企业制定的企业标准应当报有关监督管理部门备案，并在本企业内部适用。

二、食品安全

1. 食品安全的定义

食品安全是指食品无毒、无害，符合应当有的营养要求，对人体健康不造成任何急性、亚急性或者慢性危害。

食品的种植、养殖、加工、包装、贮藏、运输、销售、消费等活动，应符合国家强制标准和要求且不存在可能损害或威胁人体健康的有毒有害物质，以导致消费者病亡或者危及消费者及其后代健康的隐患。

2. 食品生产经营安全职责

食品生产经营者应当依照法律、法规和食品安全标准从事生产经营活动，对社会和公众负责，保证食品安全，接受社会监督，承担社会责任。

从事食品生产、食品流通、餐饮服务，应当依法取得食品生产许可、食品流通许可、餐饮服务许可；应当主动承担提供安全食品的责任，如实提供食品安全信息的责任，遵循良好的操作规范、依法进行生产经营活动的责任。

（1）食品生产经营应当符合食品安全标准，并符合下列要求：

1）具有与生产经营的食品品种、数量相适应的食品原料处理和食品加工、包装、储存等场所，保持该场所环境整洁，并与有毒、有害场所及其他污染源保持规定的距离。

2）具有与生产经营的食品品种、数量相适应的生产经营设备或者设施，有相应的消毒、更衣、盥洗、采光、照明、通风、防腐、防尘、防蝇、防鼠、防虫、洗涤及处理废水、存放垃圾和废弃物的设备或者设施。

3）具有食品安全专业技术人员、管理人员和保证食品安全的规章制度。

4）具有合理的设备布局和工艺流程，防止待加工食品与直接入口食品、原料与成品交叉污染，避免食品接触有毒物、不洁物。

5）餐具、饮具和盛放直接入口食品的容器，使用前应当洗净、消毒，炊具、用具用后应当洗净，保持清洁。

6）储存、运输和装卸食品的容器、工具和设备应当安全、无害，保持清洁，防止食品污染，并符合保证食品安全所需的温度等特殊要求，不得将食品与有毒、有害物品一同运输。

7）直接入口的食品应当有小包装或者使用无毒、清洁的包装材料、餐具。

8）食品生产经营人员应当保持个人卫生，生产经营食品时，应当将手洗净，穿戴清洁的工作衣、帽；销售无包装的直接入口食品时，应当使用无毒、清洁的售货工具。

9）食品生产经营用水应当符合国家规定的生活饮用水卫生标准。

10）使用的洗涤剂、消毒剂应当对人体安全、无害。

11）法律、法规规定的其他要求。

（2）禁止生产经营下列食品：

1）用非食品原料生产的食品或者添加食品添加剂以外的化学物质和其他可能危害人体健康的物质的食品，或者用回收食品作为原料生产的食品。

2）致病性微生物、农药残留、兽药残留、重金属、污染物质及其他危害人体健康的物质含量超过食品安全标准限量的食品。

3）营养成分不符合食品安全标准的专供婴幼儿和其他特定人群的主辅食品。

4）腐败变质、油脂酸败、霉变生虫、污秽不洁、混有异物、掺假掺杂或者感官性状异常的食品。

5）病死、毒死或者死因不明的禽、畜、兽、水产动物肉类及其制品。

6）未经动物卫生监督机构检疫或者检疫不合格的肉类，未经检验或者检验不合格的肉类制品。

7）被包装材料、容器、运输工具等污染的食品。

8）超过保质期的食品。

9）无标签的预包装食品。

10）国家为防病等特殊需要明令禁止生产经营的食品。

11）其他不符合食品安全标准或者要求的食品。

（3）食品生产经营者的健康应符合食品安全法要求：

1）食品生产经营者应当建立并执行从业人员健康管理制度。患有痢疾、伤寒、病毒性肝炎等消化道传染病的人员，以及患有活动性肺结核、化脓性或者渗出性皮肤病等有碍食品安全的疾病的人员，不得从事接触直接入口食品的工作。

2）食品生产经营人员每年应当进行健康检查，取得健康证明后方可上岗工作。

（4）食品添加剂的使用。食品生产者应当依照食品安全标准关于食品添加剂的品种、使用范围、用量的规定使用食品添加剂；不得在食品生产中使用食品添加剂以外的化学物质和其他可能危害人体健康的物质，应按照 GB 2760—2011《食品安全国家标准　食品添加剂使用标准》严格执行。

3. 食品安全管理制度

制定食品安全管理制度，是为了做好食品经营工作，切实保障消费者人身安全和健康。

食品安全管理制度有：食品安全管理人员制度（包含安全岗位责任管理）、原辅材料及包装材料采购管理制度（包含进货索证索票，食品进货查验记录）、生产过程质量安全管理制度、生产设备安全管理制度、质量检验管理制度、检验设备及计量器具管理制度、产品储存及运输防护管理制度、从业人员健康管理制度（包含从业人员食品安全知识培训）、不符合情况管理制度、产品销售管理制度（包含食品销售卫生）、产品召回管理制度、回收食品管理制度等。

4. 食品安全法的实施

《中华人民共和国食品安全法》已由中华人民共和国第十一届全国人民代表大会常务委员会第七次会议于 2009 年 2 月 28 日通过，自 2009 年 6 月 1 日起施行。主要内容包括：

总则、食品安全风险监测和评估、食品安全标准、食品生产经营、食品检验、食品进出口、食品安全事故处置、监督管理、法律责任、附则,共十章一百零四条。

三、食品检验标准和相关法律、法规的要求

1. 标准的定义和分类

(1)标准的定义。标准是为了在一定的范围内获得最佳秩序,经协商一致制定并由公认机构批准,共同使用的和重复使用的一种规范性文件。

(2)标准的分类。根据我国标准分类的现行做法,同时参照国际上普遍使用的分类标准,可归纳为:

1)按标准制定的主体,标准分为国际标准、区域标准、国家标准、行业标准、地方标准和企业标准。我国标准分为国家标准、行业标准、地方标准和企业标准四级。我国的标准分类见表1—2。

表1—2　　　　　　　　　　　　　我国的标准分类

标准等级	适用范围	制定、批准、备案
国家标准	全国	国家的官方标准化机构或国家政府授权的有关机构,如国家标准委员会。食品安全国家标准由国务院卫生行政部门负责制定
行业标准	各行业	国务院有关行政主管部门制定,国务院标准化行政主管部门备案
地方标准	某个省、自治区、直辖市	省、自治区、直辖市标准化行政主管部门制定,报国务院标准化行政主管部门和国务院有关行政主管部门备案
企业标准	企业内部	企业自行制定,企业法人或法人代表授权的主管领导批准发布,在发布后30日内至有关部门办理备案

2)按标准化对象的基本属性,标准分为技术标准(包括基础标准、产品标准、检验标准、工艺标准、信息标识等)、管理标准、工作标准。

3)按标准实施的约束力,我国标准分为强制性标准和推荐性标准两种。例如GB 5009.4—2010是强制性标准,GB/T 12457—2008是推荐性标准。

2. 食品检验中常用的标准

(1)常用的食品安全标准。食品检验中常用的食品安全标准见表1—3。

表1—3　　　　　　　　　　　　常用的食品安全标准

标准代号	标 准 名 称
GB 2760—2011	《食品安全国家标准　食品添加剂使用标准》
GB 2761—2011	《食品安全国家标准　食品中真菌毒素限量》

续表

标准代号	标准名称
GB 2762—2012	《食品安全国家标准 食品中污染物限量》
GB 2763—2014	《食品中农药最大残留限量》
GB 7718—2011	《食品安全国家标准 预包装食品标签通则》
GB 13432—2013	《预包装特殊膳食用食品标签》
GB 28050—2011	《食品安全国家标准 预包装食品营养标签通则》

（2）常用的检验方法标准。食品检验中常用的检验方法标准见表1—4。

表1—4 常用的检验方法标准

标准代号	标准名称
GB/T 5750.x—2006	《生活饮用水标准检验方法》系列标准
GB/T 4789.x—2003	《食品卫生微生物学检验》系列标准
GB 4789.x—2010、2012	《食品安全国家标准 食品微生物学检验》系列标准
GB/T 5009.1—2003	《食品卫生检验方法 理化部分 总则》

3. 食品的许可证制度

国家对食品生产经营实行许可证制度。从事食品生产、食品流通、餐饮服务等，应当依法取得食品生产许可证、食品流通许可证及餐饮服务许可证。

食品生产许可证制度是工业产品许可证制度的一个组成部分，是为保证食品的质量安全，由国家主管食品生产领域质量监督工作的行政部门制定并实施的一项旨在控制食品生产加工企业生产条件的监控制度。该制度规定：从事食品生产加工的公民、法人或其他组织，必须具备保证产品质量安全的基本生产条件，按规定程序获得"食品生产许可证"，方可从事食品生产。没有取得"食品生产许可证"的企业不得生产食品，任何企业和个人不得销售无证食品。

由此而实行的食品质量安全市场准入制度也是一种政府行为，是一项行政许可制度，包括以下3项具体制度：

（1）对食品生产企业实施生产许可证制度。

（2）对企业生产的食品实施强制检验制度。

（3）对实施食品生产许可证制度的产品实行市场准入标志制度。

4. 计量法对食品检验的要求

计量是实现单位统一、量值准确可靠的活动，或者说是以实现单位统一、量值准确可靠为目的的测量。我国实行的计量法为《中华人民共和国计量法》，于1985年9月6日第六届全国人民代表大会常务委员会第十二次会议通过，自 1986 年 7 月 1 日起施行。主要内容包括：总则、计量基准器具、计量标准器具和计量检定、计量器具管理、计量监督、法律责任和附则，共六章三十五条。2013 年 12 月 28 日第十二届全国人民代表大会常务委员会第六次会议对该法进行修订。

(1)《中华人民共和国计量法》规定：

1) 计量基准器具、计量标准器具的建立，计量的检定，以及制造、修理、销售、使用计量器具，必须遵守本法。属于强制检定范围的计量器具，未按照规定申请检定或者检定不合格继续使用的，责令停止使用，可以并处罚款。

2) 使用不合格的计量器具或者破坏计量器具准确度，给国家和消费者造成损失的，责令赔偿损失，没收计量器具和违法所得，可以并处罚款。

3) 国家采用国际单位制。国际单位制计量单位和国家选定的其他计量单位，为国家法定计量单位。国家法定计量单位的名称、符号由国务院公布。非国家法定计量单位应当废除。

4) 国务院计量行政部门对全国计量工作实施统一监督管理。县级以上地方人民政府计量行政部门对本行政区域内的计量工作实施监督管理。

(2) 计量检定规定。1987 年 1 月 19 日，国务院批准自 1987 年 2 月 1 日国家计量局发布实施的《中华人民共和国计量法实施细则》中规定：

1) 使用实行强制检定的计量标准的单位和个人，应当向主持考核该项计量标准的有关人民政府计量行政部门申请周期检定。使用实行强制检定的工作计量器具的单位和个人，应当向当地县（市）级人民政府计量行政部门指定的计量检定机构申请周期检定。当地不能检定的，向上一级人民政府计量行政部门指定的计量检定机构申请周期检定。

2) 企业、事业单位应当配备与生产、科研、经营管理相适应的计量检测设施，制定具体的检定管理办法和规章制度，规定本单位管理的计量器具明细目录及相应的检定周期，保证使用的非强制检定的计量器具定期检定。

3) 计量检定工作应当符合经济合理、就地就近的原则，不受行政区划和部门管辖的限制。

4) 任何单位和个人不得经营销售残次计量器具零配件，不得使用残次零配件组装和修理计量器具。

5) 任何单位和个人不准在工作岗位上使用无检定合格印、证或者超过检定周期及经检定不合格的计量器具。

四、食品检验员的职业规范

1. 食品检验岗位的设置

食品检验员应具有一定的本专业理论知识和操作技能，能按产品标准和检测方法，用抽样检测方式对各类食品的内容物和包装材料通过感官、理化、卫生等指标进行检测。作为食品检验员应具有较强的理解、判断和计算能力，且具有正常的视觉、嗅觉和味觉，无色盲、色弱，并具有一定的空间感、形体感，以适应食品检验的基本工作要求。

2. 食品检验员的岗位职责

食品检验员在企业的检测工作中应做到以下几点：

（1）认真贯彻执行指令检验标准（规程），严格执法，不徇私情，正确判断，对检验结果的正确性负责。

（2）按时完成检验任务，防止漏检、少检和错检，确保生产顺利进行。

（3）认真填写质量检验记录，做到数据准确，字迹清晰，结论明确，并将检验记录分类建档保存。

（4）贯彻执行检验状态标识的规定，防止不同物料、产品混淆。检查监督生产过程中的状态标识情况，对不符合要求的给予纠正。

（5）做好首检，加强巡检，特别要加强质控点的巡检，发现问题及时纠正。对于不合格品混入下道工序的行为有权制止。

（6）发现重大质量问题立即向生产、质保、研发部门反映，以便及时采取纠正措施，减少损失。

（7）有权制止不合格品的交付和使用。

（8）有权对一般性、常见性的不合格品作出处理。

（9）认真参加培训学习，努力提高自身的综合素质。

五、实验室安全知识

1. 理化实验室基本安全知识

实验室中，经常使用有腐蚀性、有毒、易燃、易爆的各类试剂和易破损的玻璃仪器及各种电气设备等。为保证检验员的人身安全和实验室操作的正常进行，食品检验员应具备安全操作常识，遵守理化实验室的安全守则。

（1）实验室内禁止饮食、吸烟，严禁试剂入口及试验用器具代替餐具。

（2）一切试剂、试样应有标签，容器内不可装有与标签不相符的物质。

（3）使用腐蚀性和有挥发性的物品（如浓硝酸、浓硫酸、浓盐酸、高氯酸、浓氨水、二氧化氮、硫化氢等）时，应在通风橱中进行操作。

（4）剧毒物质（如氰化物、砷化物、汞盐等）要由专人管理并保存于专用柜中；取用中不允许直接用手接触，应戴护目镜和乳胶手套，并注意不能把剧毒物质散落在桌面上。

（5）试验后的废弃物处理中，酸、碱、残余毒物等不能随意丢弃或倒入水槽，应分类倒入专业废弃物处理容器，由专业回收单位回收并处理。

（6）易燃易爆的试剂（如苯、乙醇、乙醚、丙酮等）要远离火源，并在通风橱中操作。易燃溶剂加热时，应采用水浴或沙浴，并注意避免明火。高温物体（如灼热的坩埚等）应放在隔热材料上，不可随意放置。

（7）使用煤气灯时，应先将空气调小再点燃火柴，然后开启煤气开关点火并调节好火焰。

（8）使用电气设备时，要防止触电。切不可用湿手或湿物接触电闸和电气开关，试验结束后应及时切断电源。

（9）酸液或碱液溅入眼中，应立即用大量清水冲洗，紧急处理后，应立即去医院进行治疗。

（10）酸液或碱液灼伤皮肤，应立即用大量清水冲洗，如是酸液灼伤，再用饱和碳酸氢钠溶液清洗；如是碱液灼伤，再用0.1%的乙酸清洗；最后用清水冲洗，涂上药用凡士林，如情况严重者应立即去医院进行治疗。

（11）实验室应备有急救药品、防护用品和有效可靠的消防设施。

（12）实验室出现事故时，检验员应及时处理；应首先切断电源和关闭煤气，再进行灭火；精密仪器着火时，要用灭火器灭火；油类及可燃性液体着火时，可用沙子、石棉布、湿衣服等灭火；金属物和发烟硫酸着火时，最好使用黄沙灭火。

2. 微生物实验室安全知识

微生物试验的危害对象是致病的病原微生物，如果发生意外，可能造成自身的污染和环境的污染，甚至造成病原微生物的传播，所以必须注意安全。

（1）无菌操作间应具备人净、物净的环境和设施，定期检测洁净度，使其环境符合洁净度的要求。与试验无关的物品切勿带入实验室，实验室内禁止饮食、吸烟。进入实验室应穿工作服，进入无菌室则换专用的工作服和鞋帽。

（2）检验操作过程中，若操作台或地面被污染（如菌液溢出，打破细菌平皿等），应立即喷洒消毒液，消毒液保持30 min后，进行清理；若污染物溅落在身体表面，或有割伤、烧伤和烫伤等情况，应立即进行紧急处理：皮肤表面用消毒液清洗，伤口以碘酒、酒精消毒，眼睛用无菌生理盐水冲洗。

（3）每次操作结束后，立即清理工作台面（用消毒液或75%乙醇消毒）。操作时所用的带菌材料如吸管、玻片等应放在消毒容器内，不得直接放在台面或冲洗于水槽内。

（4）经微生物污染的培养物和器具，必须经高压灭菌处理后方可清洗或丢弃。

单元测试题

一、判断题

1. 可供人类食用或饮用的物质，包括加工食品、半成品和未加工食品，不包括烟草或只作为药品用的物质。　　　　　　　　　　　　　　　　　（　　）

2. 食品的感官指标、理化指标和卫生指标的符合性，直接反映着食品质量状况的好坏和质量水平的高低。　　　　　　　　　　　　　　　　　　　（　　）

二、单项选择题

1. 食品检验是对其产品的一个或多个质量特性进行观察、测量、试验，以确定（　　）合格情况的技术性检查活动。

A. 某一项质量特性　　　　　　B. 各项质量特性

C. 其理化指标　　　　　　　　D. 其微生物指标

2. 食品检验的依据包括（　　）。

A. 相关的技术标准　　　　　　B. 产品标准

C. 作业规程或订货合同　　　　D. 以上选项均正确

三、简答题

1. 食品安全的定义是什么？

2. 食品质量检验的任务是什么？

四、思考题

计量法对企业所使用的计量器具有哪些规定？

单元测试题答案

一、判断题

1. √　　2. √

二、单项选择题

1. B　　2. D

三、简答题

1. 答：食品安全是指食品无毒、无害，符合应当有的营养要求，对人体健康不造成任何急性、亚急性或者慢性危害。

2. 答：食品质量检验的任务是依据物理、化学、生物化学等学科的基础理论和国家食品安全标准，运用现代科学技术和分析手段，对食品的各类指标进行检测，以保证产品的质量。

 学习单元 2　食品质量检验的常用方法

 学习目标

熟悉食品质量检验中常用的感官检验法。

了解物理、化学分析法在食品检验中的原理及其应用。

了解微生物检验在食品检验中的原理及其应用。

 知识要求

在食品检验过程中，由于检验的目的、被测组分和干扰成分的性质及其在食品中存在的数量差异，所选择的检验方法也各不相同。常用的食品质量检验分析方法有感官检验，物理、化学分析，仪器分析，微生物检验和生物检验等。本单元主要介绍感官检验，物理、化学分析和微生物检验。

一、感官检验

1. 食品感官检验的定义

食品感官检验是与用感觉器官检验产品的感官特性相关的科学。

2. 感官检验的分类

（1）按检验时所利用的感觉器官分类。按检验时所利用的感觉器官，感官检验可分为视觉检验、味觉检验、嗅觉检验和触觉检验。按检验时所利用的感觉器官分类见表1—5。

（2）按检验的目的，感官检验方法可分为三类：差别检验、标度和类别检验、分析或描述检验。按检验目的分类见表1—6。

表1—5   按检验时所利用的感觉器官分类

感官检验方法	原　理
视觉检验	通过被检验物作用于视觉器官所引起的反应，对食品进行质量特性评价的方法，是判断食品质量的一个重要感官检验手段
味觉检验	通过被检验物作用于味觉器官所引起的反应，对食品进行评价的方法，是辨别食品品质的非常重要的一环
嗅觉检验	通过被检验物作用于嗅觉器官所引起的反应，对食品进行评价的方法
触觉检验	通过被检验物作用于触觉器官所引起的反应，对食品进行评价的方法

表1—6   按检验目的分类

感官检验方法	原　理
差别检验	确定两种产品之间是否存在感官差别
标度和类别检验	估计差别的顺序或大小，或者样品应归属的类别或等级
分析或描述检验	识别存在于某样品中的特殊感官指标，可以是定量的

3. 感官检验的条件

（1）设立独立的检验室进行感官分析。

（2）检验室与样品准备室完全隔离，并保持舒适的温度和通风。

（3）配备合适的盛样容器。

（4）保证供水质量。为某种特殊目的，可使用蒸馏水、矿泉水、过滤水和凉开水等。

（5）用于感官检验的样品应保证足够的数量、适宜的温度和编号。

4. 感官检验员的基本要求

感官检验员的任务是检定食品的质量，这类检验员需具备以下基本条件：

（1）身体健康，不能有任何感觉方面的缺陷。

（2）各检验员之间及检验员本人有一致和正常的敏感性。

（3）具有从事感官分析的兴趣。

（4）个人卫生条件较好，无明显个人气味。

（5）具有所检验产品的专业知识，并对所检验的产品无偏见。

（6）避免在饥饿或过饱的状态、使用有气味的化妆品和身体不适的情况下，进行感官分析。

二、物理、化学分析

食品检验中，常用的分析方法有物理、化学分析，仪器分析和感官分析等。

1. 物理、化学分析的原理

（1）食品检验中的物理分析。食品检验的物理分析是食品的相对密度、折光率、旋光度等物理常数，与食品的组分和含量之间关系的分析方法。物理指标一般包括色泽、透明度、颗粒度、混浊度、真空度、质量、密度、硬度、折光率、旋光度、黏度等。

（2）食品检验中的化学分析。食品的化学分析是以物质的化学反应为基础，使被测成分在溶液中与试剂作用，由生成物的量或消耗试剂的量来确定组分和含量的检测方法。化学分析包括定性分析和定量分析。食品的定量分析又分为质量法和容量法，其中容量法包括酸碱滴定、氧化还原滴定、络合滴定和沉淀滴定。

2. 物理、化学分析在食品检验中的应用

（1）物理分析在食品检验中的应用。由于食品的分类、用途、食用方法的不同，对每类食品物理指标的要求也是不同的，在检验中项目的选择也是各有侧重的。例如，密度法可以测定糖液的浓度、酒中酒精含量、牛乳中是否掺水或脱脂奶粉等；折光法可测定果汁、番茄制品、蜂蜜、糖浆等食品中固形物含量等；旋光法可以测定饮料中蔗糖含量、谷物食品中淀粉含量、味精中谷氨酸钠含量和牛乳中乳糖含量等。

（2）化学分析在食品检验中的应用。在日常食品检测工作中，使用化学分析来测定的项目较多。例如：质量法可测定食品中灰分、水分、脂肪、纤维含量等；酸碱滴定法可测定食品中酸度、蛋白质含量等；氧化还原滴定法可测定食品中还原糖、维生素 C、总二氧化硫含量等；络合滴定法可测定生活饮用水中硬度含量等；沉淀滴定法可测定食品中氯化钠含量等。

三、微生物检验

微生物是一群形体微小、结构简单、用肉眼难以看到、需借助普通光学显微镜甚至电子显微镜才能看清的低等生物的总称。微生物种类繁多，有不同的类群，与人类生活密切相关的主要有细菌、真菌、放线菌和病毒，而造成食品安全危害最大的是细菌。

细菌是微生物中的一大类菌群，在自然界中分布广、种类多，与人类生活和食品生产关系十分密切。此处主要介绍细菌。

1. 细菌的形态、结构与营养代谢

（1）细菌的形态。细菌的种类繁多，但就单个细菌而言，其基本形态可分为球状、杆状和螺旋状三种，分别称为球菌、杆菌和螺旋菌，其中杆菌最为常见，球菌次之，螺旋菌主要为病原菌，较为少见。微生物的形态如图 1—1 所示。

1）球菌。球菌按其细胞的分裂面及排列方式可分为单球菌、双球菌、链球菌、四联球菌、八叠球菌和葡萄球菌。

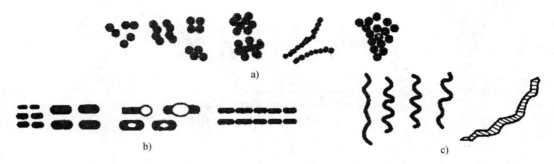

图1—1　微生物的形态

a）球菌　b）杆菌　c）螺旋菌

2）杆菌。杆菌的形态多样，按其细胞的长宽比及排列方式可分为长杆菌、短杆菌、链杆菌和棒杆菌。

3）螺旋菌。螺旋菌按其弯曲程度不同可分为螺菌、螺旋体和弧菌。

细菌除了上述三种基本形态外，还有罕见的其他形态，如梨状、叶球状、盘碟状、方形、星形及三角形等。

（2）细菌的大小。细菌细胞微小，必须用光学显微镜的油镜才能观察清楚。细胞大小的常用度量单位是微米（μm）。球菌的大小以其直径来表示，一般为 $0.5\sim2\ \mu m$，杆菌的大小以长×宽来表示，一般长度是 $1\sim5\ \mu m$，宽度是 $0.15\sim1.5\ \mu m$，螺旋菌的大小也以长×宽来表示。

（3）细菌细胞的结构。细菌的细胞结构分为基本结构和特殊结构。细菌的基本结构是指所有的细菌都具有的结构，包括细胞壁、细胞膜、细胞质、核质体和内含物。细菌的特殊结构是指某些细菌所特有的结构，有芽孢、荚膜、鞭毛等。细菌的细胞结构如图1—2所示。

（4）细菌的菌落形态。单个或少量细菌在固体培养基表面繁殖形成肉眼可见的集团，称为菌落（CFU）。菌落形态的观察包括菌落的大小、形状、边缘、光泽、质地、颜色、透明度等。每一种细菌在一定条件下都会形成固定的菌落特征，所以菌落的形态特征可以作为鉴别细菌和细菌分类的依据之一。

（5）细菌的营养代谢。细菌在生命活动过程中，必须不断地从外部环境中吸取所需的营养物质，以获得能量，并合成其自身结构组分，这个生理过程就称为营养。其营养物质主要是碳源、氮源、无机盐、少量生长辅助物质和水。在人工培养时，则需配制人工合成的营养物质。细菌在不断将外界环境中的营养物质合成其自身物质的过程中，也不断向体外排泄对其本身无用的物质，以维持细胞的生理活动和发育，这个过程简称为代谢（包括

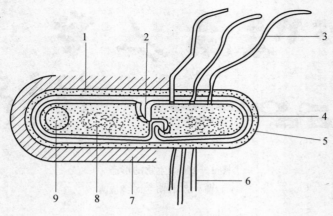

图1—2 细菌的细胞结构

1—黏液层 2—中质层 3—鞭毛 4—细胞膜 5—细胞壁
6—纤毛 7—荚膜 8—核质体 9—异染体

分解代谢和合成代谢）。大多数微生物都能分解糖、蛋白质，少数能分解脂类，形成不同的代谢产物。

2. 细菌检验的原理

根据细菌所具有的酶系不同，在一定条件下利用各种糖类、蛋白质和氨基酸进行代谢所产生的各类代谢产物各有区别的特点，通过细菌的菌落生长形态、生化反应、血清学试验等方法对其进行检定。并且可以利用普通光学显微镜、荧光显微镜等，观察微生物菌体的形态、大小、排列、特殊结构及染色反应。如大肠菌群在一定培养条件下能发酵乳糖、产酸产气，可以根据这一特点进行鉴别。

四、微生物检验在食品检验中的应用

用于反映食品卫生状况及安全性的微生物指标，通常选择易于检出且检测方法简单的微生物。在国家食品安全标准中常用以下微生物指标来评价食品安全卫生质量：菌落总数和大肠菌群的最可能数及部分致病菌等。主要指示菌的种类如下：

1. 反映微生物综合污染程度的微生物指标有菌落总数、霉菌、酵母菌等。

2. 反映粪便污染程度的大肠菌群、粪大肠菌群、大肠杆菌等。

3. 可能引起人体或动物发生传染病的致病微生物，如金黄色葡萄球菌、沙门氏菌、致病性大肠埃希氏菌、志贺氏菌等。

4. 反映消毒灭菌效果的嗜热脂肪芽孢杆菌、短小芽孢杆菌、枯草杆菌黑色变种芽孢等。

单元测试题

一、判断题

1. 感官检验法是食品检验中不可缺少的方法。 （ ）

2. 反映粪便污染程度的微生物指标是菌落总数。 （ ）

二、单项选择题

1. 化学分析法中的容量分析法包括酸碱滴定、氧化还原滴定、络合滴定和（ ）。

A. 密度法　　　B. 质量法　　　C. 沉淀滴定法　　　D. 折光法

2. （ ）是细菌的特殊结构。

A. 中质层　　　B. 细胞膜　　　C. 鞭毛　　　　　D. 核质体

三、简答题

1. 食品感官检验按检验的目的分为哪几类？

2. 微生物检验的原理是什么？

四、思考题

微生物、物理和化学分析在食品检验中的应用有哪些？

单元测试题答案

一、判断题

1. √　　2. ×

二、单项选择题

1. C　　2. C

三、简答题

1. 答：食品的感官检验常用的方法按检验的目的可以分为三类：差别检验法、标度和类别检验法、分析或描述检验法。

2. 答：根据细菌所具有的酶系不同，在一定条件下利用各种糖类、蛋白质和氨基酸进行代谢所产生的各类代谢产物各有区别的特点，通过细菌的菌落生长形态、生化反应、血清学试验等方法对其进行检定。

第2节　食品检验的常用器皿与仪器设备

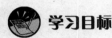 学习单元1　常用器皿的使用

 学习目标

了解玻璃器皿洗液的种类和使用方法。

熟悉玻璃器皿洗涤、干燥和保管的方法。

掌握实验器皿的名称和使用方法。

能够根据实验要求，选用不同的器皿。

能够熟练地使用移液管、滴定管及使用容量瓶配制溶液。

知识要求

食品检验需要各类器皿。例如容器类玻璃器皿有试剂瓶、烧杯、锥形瓶、称量瓶、烧瓶、碘量瓶等；量器类玻璃器皿有滴定管、容量瓶、移液管、量筒等；其他类玻璃器皿有表面皿、漏斗、干燥器、培养皿、试管等；此外，还有坩埚、坩埚钳、石棉网、铁架台、角匙、滤纸、洗瓶、胶头滴管、研钵、玻璃棒、吸耳球等其他器具，这些都是食品检验中常用的器皿。正确地洗涤、干燥和保管各类器皿对食品检验结果是至关重要的。

一、容器类玻璃器皿

1. 试剂瓶

（1）用途与分类。试剂瓶（见图1—3）用于盛放化学试剂，按材质可分为玻璃试剂瓶和塑料试剂瓶，按型号可分为广口瓶和细口瓶，按盛放物质可分为固体和液体试剂瓶，其中广口瓶盛放固体，细口瓶盛放液体。试剂瓶的瓶口内部为磨砂设计，可以保持密封，防止试剂泄漏。试剂瓶按颜色分为无色和棕色，无色瓶盛放无特殊要求的常规试剂，棕色瓶用于盛放见光易分解和不稳定的试剂。常见的试剂瓶规格有 30 mL、60 mL、125 mL、

250 mL、500 mL、1 L、2 L、10 L 等。

图 1—3　试剂瓶

（2）使用时的注意事项

1）试剂瓶不能加热。

2）盛放碱液的试剂瓶用胶塞或软木塞。

3）瓶上的标签要保持完整，倾倒液体试剂时，标签要对着手心。

2. 烧杯

（1）用途与分类。烧杯（见图 1—4）通常由玻璃、塑料、四氟乙烯或者耐热玻璃制成。烧杯呈圆柱形，顶部的一侧开有一个槽口，便于倾倒液体。有些烧杯外壁还标有刻度，可以粗略地估计烧杯中盛有的液体体积。

烧杯一般都可以加热，但需垫上石棉网。烧杯主要用于称取样品、配制溶液和作为较大量试剂的反应容器。在溶解样品或试剂时，用玻璃棒或者磁力搅拌器进行搅拌。

常见的烧杯规格有 10 mL、25 mL、50 mL、100 mL、250 mL、500 mL、1 L、2 L、5 L 等。

（2）使用时的注意事项

1）加热时需要垫上石棉网，保持加热均匀，防止因受热不均而破裂。

2）加热时，盛放的液体不应超过烧杯容积的1/3。

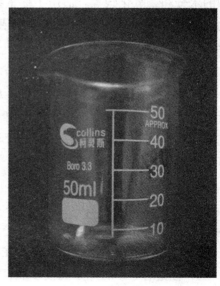

图 1—4　烧杯

3. 锥形瓶

（1）用途与分类。锥形瓶（见图1—5）常用于滴定试验，由于其口小、底大，在滴定过程中用手握住瓶颈以手腕晃动，即可将液体搅拌均匀且液体不易溅出；也可用于盛装反应物、进行定量分析、进行回流加热反应等。锥形瓶可以在水浴或电炉上加热，瓶身上有多个刻度，以标示所盛载的液体体积。锥形瓶分为具塞和无塞两种。无塞锥形瓶又称三角烧瓶，在微生物检验中多用于储存培养基和生理盐水等溶液。

常见的锥形瓶规格有 100 mL、250 mL、500 mL、1 L 等。

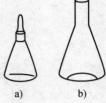

图1—5 锥形瓶
a) 具塞 b) 无塞

（2）使用时的注意事项

1）加热时需要垫上石棉网，保持加热均匀，防止因受热不均而破裂。

2）加热时，盛放的液体不应超过容器容积的 1/3。

4. 称量瓶

（1）用途与分类。称量瓶（见图1—6）是实验室常用的玻璃器皿，因有磨口塞，所以比较密封，可以防止瓶中的试样吸收空气中的水分和二氧化碳等，适用于称量易吸潮的试样；可作为精确称量分析试样所用的容器。

称量瓶的规格以直径（mm）×瓶高（mm）表示，分为扁形、高形两种。扁形用于测定水分或烘干基准物质；高形用于称量基准物质和容易吸潮的样品。根据材料不同可分为玻璃和铝制称量瓶。

图1—6 称量瓶

（2）使用时的注意事项

1）称量瓶的盖子是磨口配套的，不能互换。

2）称量瓶不能用火直接加热。

3）称量瓶要洗净、烘干，存放在有有效干燥剂的干燥器内，以备随时使用。

4）称量时，不可用手直接拿取，应戴手套或垫以洁净纸条。

5. 烧瓶

（1）用途与分类。烧瓶（见图1—7）通常具有圆肚细颈的外观，它的窄口是用来防止溶液溅出或是减少溶液的蒸发，并配合橡胶塞的使用，来连接其他的玻器材。当溶液需要长时间的反应或是加热回流时，一般都会选择使用烧瓶作为容器。

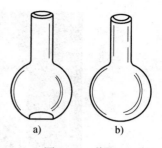

图 1—7　烧瓶
a）平底烧瓶　b）圆底烧瓶

烧瓶分为平底烧瓶和圆底烧瓶两种。通常平底烧瓶用于在室温下的反应，而圆底烧瓶则用于在较高温的反应。这是因为圆底烧瓶可承受较大的温度变化，可用作液体和固体或液体间的反应器。

（2）使用时的注意事项

1）加热时，需将烧瓶外壁的水擦干，置于石棉网上加热。

2）盛放的液体不应超过烧瓶容积的 2/3。

6. 碘量瓶

（1）用途与分类。碘量瓶（见图 1—8）是在带有磨口塞子的锥形瓶口上加一水封槽。常用于碘量分析，盖塞子后可以水封瓶口；可以作为碘测定中专用的一种锥形瓶，也可用作其他产生挥发性物质的反应容器。

在碘量法定量分析时，加入反应物盖紧塞子后，需加上适量水作密封，防止生成的碘挥发，静置反应一定时间后，慢慢打开塞子，让密封水沿瓶塞流入锥形瓶，再用水将瓶口及塞子上的碘液洗入瓶中。

常见的碘量瓶规格有 50 mL、100 mL、250 mL、500 mL、1 L 等。

（2）使用时的注意事项

1）碘量瓶加热时应置于石棉网上，使其受热均匀，但是温度不宜过高。

2）所盛的溶液不应超过碘量瓶容积的 1/3。

二、量器类玻璃器皿

1. 移液管（见图 1—9）

（1）用途与分类。移液管是用来准确移取一定体积溶液的量器。分为单标刻度胖肚型和分刻度直管型两种。

常用的移液管规格有 1 mL、2 mL、5 mL、10 mL、25 mL、50 mL、100 mL 等。

（2）使用时的注意事项

1）使用前，检查移液管的管口和尖嘴有无破损，若有破损则不能使用。

2）移取样液或标准溶液前，移液管需润洗 3～4 次，如图 1—10 所示。

图 1—8　碘量瓶

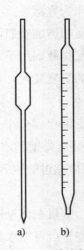

图 1—9　移液管

a）胖肚型移液管　b）直管型移液管

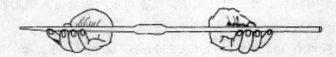

图 1—10　移液管的润洗

3）为了减小测量误差，在使用移液管时，每次都应以最上面的刻度（通常为 0 刻度）处为起始点。

4）移液管使用完毕后，首先应用自来水冲洗干净，再以蒸馏水淋洗，然后置于移液管架上自然干燥。

 相关链接

移液管的润洗

用滤纸将清洗过的移液管尖端内外的水分吸干；插入小烧杯中吸取溶液，当吸至移液管容量的 1/3 时，立即用食指按住管口，取出；横持并转动移液管，使溶液流遍全管内壁；将溶液从下端尖口处排入废液杯内。同样步骤操作 3～4 次进行润洗。

2. 容量瓶

（1）用途与分类。容量瓶（见图 1—11）是一种细颈梨形平底的容器，带有磨口玻璃塞，有无色和棕色两种。容量瓶上标有温度、容量、刻度线，主要用于直接法配制标准溶液、准确稀释溶液和制备样品溶液。

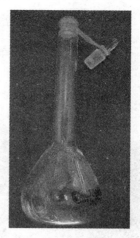

图 1—11　容量瓶

常见的容量瓶规格有 5 mL、10 mL、25 mL、50 mL、100 mL、200 mL、250 mL、500 mL、1 L 和 2 L 等。

（2）使用时的注意事项

1）检查瓶塞是否匹配。

2）试漏的具体操作是在瓶中放水到标线附近，塞紧瓶塞，使其倒立 2 min，用干滤片沿瓶口缝处检查，看有无水珠渗出。如果不漏，再把塞子旋转 180°，塞紧，倒置，试验这个方向有无渗漏。

3）不能在容量瓶里进行溶质的溶解，应将溶质在烧杯中溶解后再移到容量瓶内。

4）配制溶液时，溶液的总量不能超过容量瓶的标线，一旦超过，必须重新进行配置。

5）容量瓶不能进行加热；如溶质在溶解过程中放热，要待溶液冷却后再进行转移，因为温度升高后瓶体将膨胀，所量体积会不准确。

6）容量瓶只能用于配制溶液，不能长时间或长期储存溶液；因为溶液可能会腐蚀瓶体，从而使容量瓶的精度受到影响。

7）容量瓶使用后应及时洗涤干净，塞上瓶塞，并在塞子与瓶口之间夹一条纸条，防止瓶塞与瓶口的磨口处粘连。

8）容量瓶只能配制一定容量的溶液，一般书写保留有效位数至小数点后 1 位，如 50.0 mL、100.0 mL。

3. 滴定管（见图 1—12）

（1）用途与分类。滴定管用于容量分析，根据颜色分为无色和棕色两种；根据性质分为酸式滴定管和碱式滴定管两种。

最常用的滴定管规格有 5 mL、10 mL、25 mL 和 50 mL 等。滴定管最小分度值为 0.05 mL，可以估读数至 0.02 mL。

1）酸式滴定管是下端带有玻璃活塞的滴定管。用于盛放酸类溶液或氧化性溶液；酸式滴定管不能盛放碱性溶液，否则碱性溶液会腐蚀玻璃，使活塞不能转动。

使用酸式滴定管时，用左手的拇指、食指及中指控制活塞，旋转活塞的同时稍稍向内（左方）扣住，如图 1—13 所示，这样可避免把活塞顶松而漏液。

2）碱式滴定管是下端连接一段乳胶管的滴定管，乳胶管中有一颗玻璃珠，以控制溶

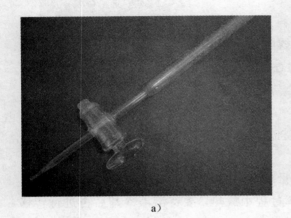

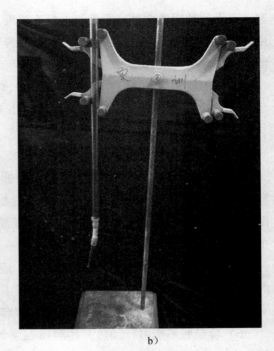

a）   b）

图 1—12　滴定管

a）酸式滴定管　b）碱式滴定管

液的流出。

　　碱式滴定管使用时（见图 1—14），用左手的拇指及食指在玻璃珠所在部位稍偏上处，轻轻地往一边挤压橡胶管，使橡胶管和玻璃珠之间形成一条缝隙，溶液即可流出。通过手指用力的轻重来控制缝隙的大小，从而控制溶液的流出速度。

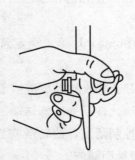

图 1—13　酸式滴定管的使用　　　　　图 1—14　碱式滴定管的使用

（2）使用时的注意事项

1）滴定管使用前，先试漏。

2）滴定管使用前，必须清洗、用样液润洗。

3）滴定前，要将管内的气泡赶尽、尖嘴内充满液体，滴定管加满溶液，调节至刻度"0"，以减少读数误差。

4）读数前，将滴定管从滴定管架上取下，右手大拇指和食指捏住滴定管上部无刻度处，使滴定管保持自然垂直状态。对于无色或色浅的溶液读数时，应将视线、刻度、凹液面的最低点置于同一水平线上。每次添加或放出溶液，需要等待 1～2 min，等待附着在管内壁的溶液流下来后，再读取数值。

4. 量筒

（1）用途与分类。量筒（见图 1—15）是用来量取液体的一种玻璃器皿。规格以其最大容量（mL）表示。外壁刻度都是以 mL 为单位，10 mL 量筒每小格表示 0.2 mL，而 50 mL 量筒每小格表示 1 mL；量筒越大，管径越粗，其精确度越低，由视线的偏差所造成的读数误差也越大。所以，实验中应根据所取溶液的体积，尽量选用能一次量取的最小规格的量筒；分次量取也可能引起误差，如量取 60 mL 液体，应选用 100 mL 量筒。

常用的量筒规格有 10 mL、25 mL、50 mL、100 mL、250 mL、500 mL、1 L 和 2 L 等。

向量筒里注入液体时，应用左手拿住量筒，使量筒略倾斜，右手拿试剂瓶，瓶口紧挨着量筒口，使液体缓缓流入，待注入的量比所需要的量稍少时，把量筒放平，改用胶头滴管滴加到所需要的量。

（2）使用时的注意事项

1）量筒是不能加热的，也不能用于量取过热的液体，更不能在量筒中溶解样品或配制溶液。

图 1—15　量筒

2）观察刻度时，视线应与量筒内液体的凹液面的最低处保持水平。

3）量筒通常用于定性分析，不用于定量分析，因为量筒的误差较大。

三、其他类玻璃器皿

1. 表面皿

（1）用途。表面皿（见图 1—16）是圆形、中间稍凹的辅助器皿，一般用作盖子，防止灰尘落入；也可用来承载 pH 试纸，使滴在试纸上的酸液或碱液不腐蚀试验台面。

（2）使用时的注意事项。表面皿不能直接加热。

图 1—16　表面皿

2. 漏斗

(1) 用途。漏斗(见图 1—17)是食品检验中用于过滤的辅助器皿,如图 1—18 所示,有短颈和长颈两种。

常见的漏斗规格有口径 50 mm、60 mm 和 70 mm 等。

(2) 使用时的注意事项。漏斗不能直接加热。

3. 干燥器

(1) 用途。干燥器(见图 1—19)是用于存放试剂或样品,防止其吸潮的器皿。干燥器分为无色和棕色两种,并放置干燥剂。

图 1—17　漏斗
a) 短颈　b) 长颈

(2) 使用时的注意事项

1) 干燥剂不可放得太多。

2) 干燥器的磨口处需涂抹凡士林。

3) 打开干燥器时,不能往上掀盖,应用左手按住干燥器,右手小心地把盖子稍微推开,等冷空气徐徐进入后,才能完全推开,盖子必须仰放在桌子上。

4) 不可将过热的物体放入干燥器中,如灰分测定中灼烧后的瓷坩埚,要冷却至 200℃以下才可放入干燥器内冷却。

5) 有时较热的物体放入干燥器中后,空气受热膨胀会把盖子顶起来,为了防止盖子被打翻,应当用手按住,不时把盖子稍微推开。

6) 灼烧或烘干后的坩埚和称量瓶,在干燥器内不宜放置过久,否则会因吸收一些水分而使质量略有增加。

7) 干燥器中的变色硅胶干燥时为蓝色,当变色硅胶吸水变为粉红色时应及时更换;也可以将受潮的硅胶放置于 120℃烘箱中干燥,待其变蓝后再重复使用,直至其破碎不能使用为止。

图1—18 滤纸、漏斗、锥形瓶用于过滤

图1—19 干燥器

4. 试管

（1）用途与分类。试管（见图1—20）使各种试剂便于操作和观察，用于理化检验中少量试剂的反应和微生物检验。

常用试管分为平口、翻口、磨口，有具塞和无塞、有刻度和无刻度等。无刻度试管以直径×长度表示，有刻度试管以容积表示，如10 mL、20 mL。微生物检验所用试管的规格与用途见表1—7。

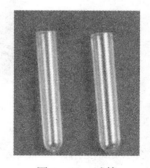

图1—20 试管

表1—7　　　　　　　　　　微生物检验所用试管的规格与用途

规格 （管口直径×试管长）	用途
13 mm×100 mm	适用于做生化试验、凝集反应
16 mm×120 mm	适用于做斜面培养基等

规格 （管口直径×试管长）	用　　途
16 mm×150 mm	常用作少量培养基
25 mm×200 mm	用以盛较多量液体培养基或用作斜面培养基
6 mm×30 mm	发酵管，用于测定微生物对糖类物质的代谢

（2）使用时的注意事项。试管可直接用火加热，但不能骤冷。

5. 培养皿

（1）用途。培养皿（见图1—21）主要用于微生物的分离培养。

常用的培养皿规格有90 mm（直径）×10 mm（高度）、75 mm（直径）×10 mm（高度）等。

图1—21　培养皿

（2）使用时的注意事项。培养皿盖与底的大小应适合，不可过紧或过松，皿盖的高度应比皿底高度稍低，皿底部应平整。

6. 玻璃缸

（1）用途。玻璃缸（见图1—22）主要用来盛放消毒液或铬酸洗液，以备浸泡用过的载玻片、吸管等。

（2）使用时的注意事项。玻璃缸不能用于加热。

7. 滴瓶

（1）用途。滴瓶（见图1—23）主要用来盛放试剂或染色液，分为棕色和无色两种。常见的规格有30 mL、60 mL和125 mL等。

（2）使用时的注意事项。滴瓶不能用于加热。

图 1—22 玻璃缸

图 1—23 滴瓶

四、玻璃器皿的洗涤、干燥及保管

1. 洗涤液的种类与使用方法

（1）铬酸洗液（重铬酸钾—硫酸洗液）。广泛用于玻璃器皿的洗涤。配制方法：研细的重铬酸钾 20 g 溶于 40 mL 水中，慢慢加入 360 mL 浓硫酸。用少量洗液刷洗或浸泡一夜，用于去除器壁残留油污，洗液可重复使用。洗液具有较强的氧化能力，对玻璃腐蚀性小，洗涤效果好，但其所含六价铬对人体有害，应尽量少用。

（2）2％氢氧化钠水溶液或乙醇溶液。水溶液加热（可煮沸）使用，其去油效果较好；但加热的时间不宜太长，否则会腐蚀玻璃。

（3）玻璃清洗剂（高浓缩型清洗剂）。由表面活性剂、无机盐等配制而成。对玻璃表面所黏附的污物、油污等残留物有极强的去除力，易溶于水，易漂洗而无残留。

2. 洗涤方法

洗涤玻璃器皿是食品检验前的重要准备工作，应根据分析要求、玻璃器皿上污物的性质和沾污的程度来选择洗涤方法。洗净的标准是玻璃器皿内壁被水均匀地润湿，而无任何条纹和水珠存在。洗净标准如图 1—24 所示 。

（1）若器皿上附着的污物为水溶性物质。可注入少量自来水，稍用力振荡后，把水倒掉，如此反复洗涤数次至干净为止，再用蒸馏水冲洗 3～4 次。操作如图 1—25 所示。

（2）内壁附有不溶性物质。可用毛刷刷洗，用自来水连续振荡数次，再用蒸馏水冲洗 3～4 次。操作如图 1—26 所示。

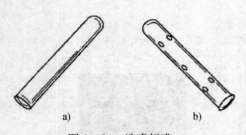

图1—24　洗净标准
a）洗净：水均匀分布（不挂水珠）
b）未洗净：器壁附着水珠（挂水珠）

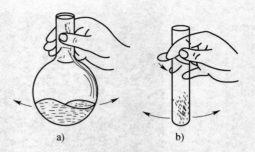

图1—25　用水振荡洗涤器皿
a）烧瓶的振荡　b）试管的振荡

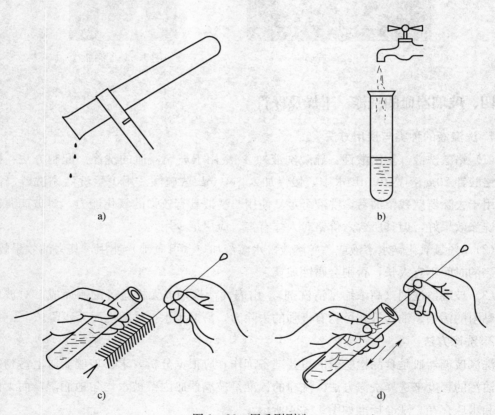

图1—26　用毛刷刷洗
a）倒废液　b）注入水　c）选好毛刷，确定手拿部位　d）来回柔力刷洗

（3）沾有油污的玻璃容器应先用碱性洗液刷洗，再用自来水连续振荡数次，最后用蒸馏水冲洗 3～4 次。

（4）沾有油污的玻璃量器，如滴定管、移液管、容量瓶等可用铬酸洗液洗涤。步骤如下：

1）先将器皿内的废液倒净。

2）加入少量洗液于器皿内，并慢慢倾斜转动器皿，使其内壁全部被洗液湿润，再将器皿转动几圈，最后把洗液倒回洗液杯中。

3）用自来水冲洗壁上残留的洗液，再用蒸馏水冲洗 3～4 次。

（5）带菌的玻璃器皿洗涤。染菌或盛过微生物培养物的玻璃器皿，应先经 121℃ 高压蒸汽灭菌 20～30 min 后取出，趁热倒出容器内的废弃物，再用热水和洗涤液将容器刷洗干净，最后用自来水冲洗，以内壁上的水均匀分布成一薄层而不出现水珠时，为器皿洗净的标准。

3. 玻璃器皿的干燥方法

食品检验中所使用的烧杯、锥形瓶等玻璃器皿均需洗净、干燥后方可使用，常用的干燥方法有晾干、烘干及吹干等。

（1）晾干。可将玻璃器皿放在无尘处，倒置自然干燥；也可放置在安有斜木钉的架子上或带有透气孔的玻璃柜内，如图 1—27 所示。

（2）烘干。洗净的玻璃容器除去水分，放在电烘箱（温度为 105～120℃）中烘 1 h 左右；也可放在红外灯干燥箱中烘干。带实心玻璃塞的器皿及厚壁仪器烘干时，要慢慢升温并且温度不可过高，以免破裂；量器（滴定管、容量瓶、量筒、移液管等）不可放于烘箱中高温烘干，可低温（温度为 50～60℃）干燥或自然晾干。

图 1—27　晾干玻璃器皿的架子

（3）热（冷）风吹干。将少量乙醇、丙酮（或乙醚）倒入已除去水分洗净的玻璃器皿中，摇洗后除去溶剂（溶剂要回收），用电吹风吹干（开始用冷风吹 1～2 min，当大部分溶剂挥发后吹入热风至完全干燥，再用冷风吹残余的蒸汽）。此法主要用于急需使用的玻璃器皿或不适合放入烘箱（烘箱温度不宜过高）的较大的玻璃器皿。

 相关链接

采用热（冷）风吹干的方法时，注意要在通风橱内操作，以防止中毒；也不可接触明火，以防止有机溶剂发生爆炸。

4. 玻璃器皿的保管方法

（1）一般玻璃器皿。置于清洁干燥处保管。

（2）称量瓶。烘干后放在干燥器中冷却和保存。

（3）移液管。洗净后置于防尘的盒中。

（4）滴定管。洗净后倒置夹于滴定管架上，长期不用的酸式滴定管活塞要除掉凡士林后垫纸，用皮筋拴好活塞后保存于盒中。

（5）带磨口塞的玻璃器皿。在洗净后用橡皮筋或小线绳把塞和管口拴好，以免打破塞子或互相弄混。需长期保存的磨口器皿应在塞间垫一张纸片，以免日久粘连。

五、其他器皿

1. 坩埚

（1）用途。坩埚（见图 1—28）可用于熔融、灼烧或称重试验。有瓷、石墨、铁、镍、铂、聚四氟乙烯等材质制品，一般用于灰分、灼烧残渣、干法消解等试验中。

常见的坩埚规格有 10 mL、15 mL、20 mL、25 mL、30 mL、40 mL 和 50 mL 等。

图 1—28　瓷坩埚

（2）使用时的注意事项。根据灼烧物质的性质选用不同材质的耐高温坩埚，可直接用火加热，但不宜骤冷，如在马弗炉内高温灼烧后，坩埚须冷却至 200℃以下方可取出。

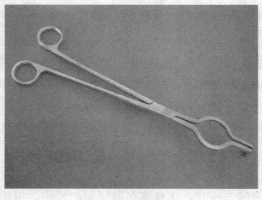

图 1—29　坩埚钳

2. 坩埚钳

（1）用途。坩埚钳（见图1—29）由铁或铜合金制成，表面镀铬。主要用于夹取高温下的坩埚或坩埚盖。

（2）使用时的注意事项。坩埚钳使用前，应先预热再夹取热坩埚。

3. 石棉网

（1）用途。石棉网（见图1—30）由铁丝编成并涂上石棉层。用于承放受热容器，使加热均匀，如烧杯加热时，须在电炉上加石棉网，防止烧杯破裂。

（2）使用时的注意事项。石棉网使用中，不能浸水或扭拉，以免损坏石棉。

4. 铁架台

（1）用途。铁架台（见图1—31）是用铁板和铁条组成的支撑用的工具。用于固定和支撑各种器皿，如用蝴蝶夹固定滴定管，用铁圈固定分液漏斗等，还可用于过滤、加热等试验操作。

（2）使用时的注意事项。使用铁架台固定器皿时，应使装置的重心落在铁架台底座中部，以保证稳定；夹持器皿时以不转动为宜。

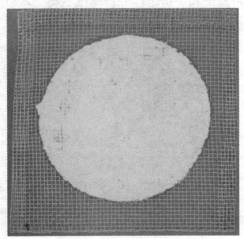

图1—30　石棉网

图1—31　铁架台

5. 角匙

（1）用途。角匙（见图1—32）由骨质、塑料或不锈钢等材料制成。用于舀取固体试剂或样品等。应依据试样的性质选用不同材质的角匙，例如舀取腐蚀性的试样时，需选用骨质或塑料的角匙。

（2）使用时的注意事项。取样品或取试剂量较少时，可以用角匙的小端；每次用完后应洗净擦干。

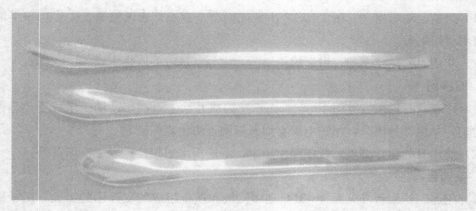

图1—32 角匙

6. 滤纸

（1）用途与分类。食品检验中常用滤纸（见图1—33）作为过滤介质，使溶液与固体分离。滤纸主要分为定量分析滤纸、定性分析滤纸和层析定性分析滤纸三类。本节主要介绍食品检验中常用的定量分析滤纸和定性分析滤纸。

定量分析滤纸和定性分析滤纸用途的区别在于：定量分析滤纸用于定量化学分析中重量法分析试验和其他相应的分析试验；定性分析滤纸用于定性化学分析和相应的过滤分离。

1）定量分析滤纸。灼烧后残留灰分很少，对分析结果几乎不产生影响，适用于精密定量分析。定量分析滤纸又分快速、中速、慢速三类，在滤纸盒上分别以白带（快速）、蓝带（中速）、红带（慢速）标志来区

图1—33 滤纸

分。滤纸的外形有圆形和方形两种。常用的圆形滤纸规格（按直径分）有7.5 cm、9 cm、11 cm、12.5 cm、15 cm和18 cm等。

2）定性分析滤纸。灼烧后残留灰分较多，仅用于一般的定性分析和过滤沉淀或溶液中使用，不能用于质量分析。定性分析滤纸的类型和规格与定量分析滤纸基本相同。

（2）使用时的注意事项

1）滤纸不可过滤热的浓硫酸或硝酸溶液。

2）一般采用自然过滤，使液体和固体分离；不适用于机械真空抽滤。

7. 洗瓶

（1）用途。洗瓶（见图1—34）是带有喷嘴的塑料容器，用于洗涤和定容。

（2）使用时的注意事项。洗瓶中的蒸馏水不可装得太满，否则易自动流出。

8. 胶头滴管

（1）用途。胶头滴管（见图1—35）又称胶帽滴管，是用于吸取或滴加少量液体试剂的一种仪器。胶头滴管由胶帽和玻璃组成。有直形、直形带缓冲球及弯形带缓冲球等类型，胶头滴管每滴约为0.05 mL。

图1—34　洗瓶

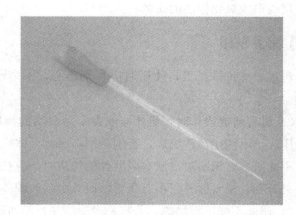

图1—35　胶头滴管

（2）使用时的注意事项

1）握持方法是用中指和无名指夹住玻璃部分以保持稳定，用拇指和食指挤压胶头以控制试剂的吸入或滴加量。

2）胶头滴管加液时，不能伸入容器，更不能接触容器，以防交叉污染。应垂直悬空于容器上方约0.5 cm处。

3）胶头滴管不能倒置，也不能平放于桌面上，应插入干净的瓶中或试管内。

4）用完之后，立即用水洗净。严禁未清洗就吸取另一试剂。滴瓶上的滴管无须清洗。

5）胶帽与玻璃滴管要结合紧密不漏气，若胶帽老化，要及时更换。

6）胶头滴管向试管内滴加有毒或有腐蚀性的液体时，该滴管尖端允许接触试管内壁。

9. 研钵

（1）用途。研钵（见图1—36）是食品检验中研碎样品和试剂的容器，配有钵杵，常用的有瓷制品，也有玻璃、玛瑙、氧化铝、铁等制品。用于研磨固体物质或进行粉末状固体的混合。其规格用口径的大小表示。硬质材料（如瓷或黄铜）制成的，通常呈碗状的小器皿，用钵杵在其中将物质捣碎或研磨。

图1—36　研钵

（2）使用时的注意事项

1）按被研磨固体的性质和产品的粗细程度选用不同质料的研钵。一般情况用瓷制或玻璃制研钵，研磨坚硬的固体时用铁制研钵，需要非常仔细地研磨较少的试样时用玛瑙或氧化铝制的研钵。

 相关链接

玛瑙研钵价格昂贵，使用时应特别小心，不能研磨硬度过大的物质，不能与氢氟酸接触。

2）进行研磨操作时，研钵应放在不易滑动的物体上，钵杵应保持垂直。大块的固体只能压碎，不能用钵杵捣碎，否则会损坏研钵、钵杵或将固体溅出。易爆物质只能轻轻压碎，不能研磨。研磨对皮肤有腐蚀性的物质时，应在研钵上盖上厚纸片或塑料片，然后在其中央开孔，插入钵杵后再行研磨，研钵中盛放固体的量不得超过其容积的1/3。

3）研钵不能进行加热，尤其是玛瑙制品，切勿放入电热烘箱中干燥。

4）洗涤研钵时，应先用水冲洗，耐酸腐蚀的研钵可用稀盐酸洗涤。研钵上附着难洗涤的物质时，可向其中放入少量食盐，研磨后再进行洗涤。

10. 玻璃棒

（1）用途。玻璃棒（见图1—37）在食品检验中常用于搅拌，加速样品或试剂的溶解；过滤中作为转移液体的导流体；可用于蘸取液体体；可用于在蒸发皿中搅拌以防止因受热不均匀而飞溅溶液等。

（2）使用时的注意事项

1）搅拌时不要太用力，以免玻璃棒断裂。

2）搅拌时不要碰撞容器壁、容器底，以免损坏容器。

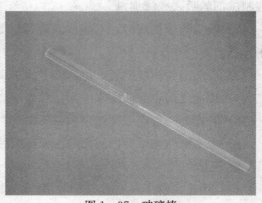

图1—37　玻璃棒

3）搅拌时要向一个方向搅拌。

11. 吸耳球

（1）用途。吸耳球（见图1—38）又称洗耳球，主要用于移液管定量吸取液体，吹散密闭容器里的粉末状物质等。

常见的吸耳球规格有 30 mL、60 mL、90 mL 和 120 mL 等。

（2）使用时的注意事项

1）吸耳球用于移液管吸取溶液时，不可用力过猛，否则易使溶液吸入吸耳球内，特别是腐蚀性的化学溶液（各类强酸及强碱溶液等），如吸入球体，应立即用大量自来水吸放清洗，并干燥后方可再用。

图1—38　吸耳球

2）吸耳球如橡胶老化或球体开裂，则需更换。

 技能要求

移液管的使用

操作准备

1. 设备和材料

移液管1根、吸耳球1只、滤纸1张、容量瓶1只、100 mL 烧杯1只。

2. 试剂

蒸馏水。

操作步骤

步骤1　吸取溶液

移液管插入待吸液的液面下 1～2 cm 处（见图1—39a），左手拿吸耳球，排空空气后，将吸耳球口紧按入移液管口内，缓慢借吸力使液面上升（见图1—39b）。当移液管内液面上升至标线以上 1～2 cm 处时，迅速用右手食指堵住管口（见图1—39c，此时若溶液下落至标线以下，应重新吸取）。用滤纸擦干移液管或吸量管外壁下端黏附的少量溶液。在移动移液管时，应将移液管保持垂直，不能倾斜（见图1—39d）。

步骤2　调节液面

左手取一干净的小烧杯，将移液管的管尖紧靠小烧杯内壁，小烧杯保持 30°左右的倾斜，使移液管保持垂直，刻度线和视线保持水平。稍稍松开食指（可微微转动移液管），使管内溶液慢慢从下口流出，液面将至刻度线时，按紧右手食指，停顿片刻，再按上法将溶液的凹液面底线放至与标线上缘相切为止，立即用食指压紧管口（见图1—40）。

将移液管直立，接受器倾斜，管下端紧靠接受器内壁，放开食指，让溶液沿着接受器

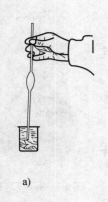
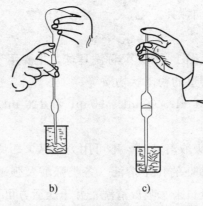

a)　　　　　　　b)　　　　　c)　　　　　d)

图1—39　使用移液管和吸耳球吸取溶液

（如烧杯、容量瓶、锥形瓶等）的内壁流下（见图1—41），管内溶液流完后，保持移液管放液体状态15 s，移走移液管（残留在管尖内壁处的少量溶液，不可用吸耳球吹出，因校准移液管或吸量管时，已考虑了尖端内壁处保留溶液的体积。但在移液管身上标有"吹"字的，可用吸耳球吹出）。

图1—40　调节液面　　　　　图1—41　移液管的使用——放出溶液

使用容量瓶配制溶液

操作准备

1. 设备和材料

容量瓶1只、玻璃棒1根、洗瓶1只、100 mL烧杯1只。

2. 试剂

氯化钠　50 g（分析纯）、蒸馏水500 mL。

操作步骤

步骤 1　使用前检查瓶塞处是否漏水

往容量瓶中倒入 2/3 容积的水，塞好瓶塞。用手指顶住瓶塞，另一只手托住瓶底，把容量瓶倒立过来停留一会儿，反复几次后，观察瓶塞周围是否有水渗出。经检查不漏水的容量瓶才能使用。

步骤 2　称样溶解、转移样液

首先准确称量固体溶质于烧杯中，加入少量溶剂，搅拌使其溶解（若难溶，可视试样的性状选用稍加热或超声波超声溶解，但必须冷却后才能转移），然后把溶液沿玻璃棒转移到容量瓶里。为保证溶质能全部转移到容量瓶中，要用溶剂少量多次洗涤烧杯，并把洗涤溶液全部转移到容量瓶里，如图 1—42 所示。

步骤 3　容量瓶定容

向容量瓶内加入的液体液面离标线 1～2 cm 时，应改用滴管缓慢地滴加，将眼睛平视标线，使液体的弯月面（凹液面）与刻度线正好相切。

步骤 4　溶液的摇匀

将容量瓶盖紧瓶塞，用一只手的掌心顶住瓶塞，另一只手托住瓶底，注意不要用手掌握住瓶身，以免体温使液体膨胀，影响容积的准确性（对于容积小于 100 mL 的容量瓶，不必托住瓶底）。随后将容量瓶倒转，使气泡上升到顶，此时可将瓶振荡数次。再倒转过来，仍使气泡上升到顶。如此反复 10 次以上，将溶液摇匀（见图 1—43）。

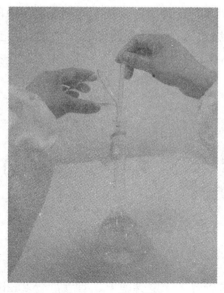

图 1—42　转移样液

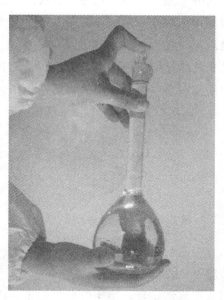

图 1—43　使用容量瓶混匀样液

相关链接

当溶质溶解或稀释过程中出现吸热放热时，需先将溶质在烧杯中溶解或稀释，并冷却。

酸式滴定管的使用

操作准备

1. 设备和材料

25 mL 酸式滴定管 1 根、蝴蝶夹及铁架台 1 套、凡士林 2～3 g、100 mL 烧杯 1 只、滤纸 2 张、250 mL 锥形瓶 1 只。

2. 试剂

盐酸标准溶液 200 mL，如浓度 $c = 1.000\ 0$ mol/L（视实验室的溶液使用情况，各种浓度的盐酸标准溶液都可以使用）、1 g/100 g 酚酞指示剂 50 mL、蒸馏水 500 mL。

操作步骤

步骤 1　酸式滴定管的活塞上涂凡士林

检查玻璃活塞是否匹配紧密，活塞转动是否灵活（见图 1—44），为了使玻璃活塞转动灵活并防止漏水，需要在活塞上涂凡士林。其方法是将活塞取下，用干净的滤纸将活塞和活塞槽内的水擦干。将滴定管平放在试验台上，用手指蘸少量凡士林，在活塞的两头，沿圆柱周围均匀地涂一薄层（见图 1—45），凡士林不能涂得太多，也不能涂在活塞中段，以免转动活塞时凡士林将活塞孔堵住。但凡士林涂得过少，活塞转动将不灵活，甚至会漏水。凡士林涂抹恰当的活塞，应透明、无气泡，转动灵活（见图 1—46）。为了防止在滴定过程中活塞脱落，可用橡皮筋将活塞扎住。

图 1—44　旋转活塞，检查活塞
与活塞槽是否配套吻合

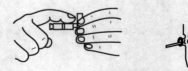

图 1—45　给滴定管活塞
涂抹凡士林

步骤 2　试漏

用水充满滴定管，擦干管壁外的水，将滴定管置于滴定管架上，直立静置 2 min，观察有无水滴渗出。将活塞旋转 180°，再静置 2 min，继续观察有无水滴渗出，可用滤纸在活塞周围和滴定管尖检查有无渗水（见图1—47）。若两次均无水滴渗出，且活塞转动灵活，即可使用。否则，应将活塞取出，擦干，重新涂以凡士林，再检查有无漏水现象。

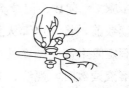

图1—46 活塞平行插入活塞槽后，向一个方向转动，直至凡士林涂抹均匀

步骤3 润洗滴定管、排气泡

滴定管先后用洗涤剂、自来水和蒸馏水清洗。清洗干净的滴定管需要用待装液润洗：首先在滴定管中装入待装的溶液5～10 mL，横持滴定管并缓慢转动（见图1—48），使待装溶液洗遍全管内壁，然后转动活塞，冲洗管口，放净残留液体。用同样方法润洗3次，即可倒入待装溶液，直到充满至"0"刻度以上为止。可以迅速转动活塞，让溶液快速流出，以带走气泡。

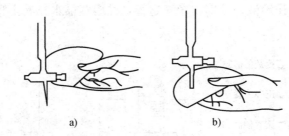

a)   b)

图1—47 检查有无渗水

a）检查活塞周围   b）检查滴定管尖

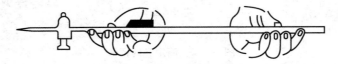

图1—48 滴定液润洗滴定管

步骤4 滴定操作

将盐酸标准溶液装入滴定管，调整液面的高度，从"0"刻度开始操作，注意滴定管下端的气泡，将滴定管固定在滴定管架上，用左手控制活塞，以白瓷板作为背景；使瓶底离瓷板2～3 cm；调节滴管的高度，使滴定管的下端伸入瓶口约1 cm；滴定过程中，左手控制滴定管滴加溶液，右手摇动锥形瓶，摇动时要微动腕关节，溶液向一个方向旋转，使瓶内溶液混合均匀，边滴加溶液边摇动（见图1—49）。

开始时，应边摇边滴，滴定速度可稍快，但不能形成"水线"。接近终点时，应改为加一滴，摇几下；必要时，加蒸馏水冲洗锥形瓶内壁，以洗下因摇动而溅起的溶液。滴加到最后，每加半滴溶液就摇动几次锥形瓶，直至溶液出现明显的颜色变化为止。

步骤5 读数、记录滴定毫升数

读数前，将滴定管从滴定管架上取下，右手大拇指和食指捏住滴定管上部无刻度处，使滴定管保持自然垂直状态。盐酸标准溶液读数时，视线、刻度、凹液面的最低点应在同一水平线上（见图1—50）。每次添加或放出溶液时，需要等待 1～2 min，等待附着在管内壁的溶液流下来后，再读取数值。滴定管的使用中，第一次读数称为初读数，滴加溶液后第二次读数称为终读数，单位为 mL。量取或滴定液体的体积等于第二次的读数减去第一次读数 $V(\mathrm{mL}) = V_{终} - V_{初}$。

图1—49 左手滴定，
右手振摇锥形瓶

滴定结束后，滴定管内剩余的溶液应弃去，不得将其倒回原瓶，以免污染整瓶操作溶液。随即洗净滴定管，并用蒸馏水充满全管，备用。

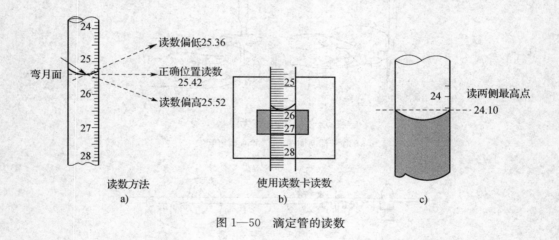

读数方法 a)	使用读数卡读数 b)	c)

图1—50 滴定管的读数

（读数偏低25.36）
（正确位置读数 25.42）
（读数偏高25.52）
弯月面

读两侧最高点 24.10

相关链接

碱式滴定管装好溶液后，要注意将出口管处的气泡排掉，否则将影响溶液体积的准确测定。对于碱式滴定管，可一只手持滴定管呈倾斜状态，另一只手捏住玻璃珠附近的乳胶管，并使尖嘴玻璃管稍向上翘，当溶液从管口冲出时，气泡也随之赶出，从而使溶液充满全管，如图1—51所示。

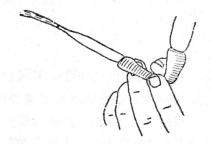

图 1—51　碱式滴定管赶气泡的操作

单元测试题

一、判断题

1. 食品检验中需要使用玻璃器皿，例如量器类玻璃器皿：滴定管、容量瓶、移液管、量筒、漏斗、干燥器、冷凝管、培养皿、试管等。　　　　　　　　　　　　（　　）

2. 食品检验中需要使用的容器类玻璃器皿包括试剂瓶、烧杯、锥形瓶、称量瓶、烧瓶、碘量瓶，量器类玻璃器皿包括滴定管、容量瓶、移液管、量筒等。　　　　（　　）

二、单项选择题

1. 食品检验中需要使用的容器类玻璃器皿包括试剂瓶、烧杯、锥形瓶、称量瓶、烧瓶、（　　）等。

A. 碘量瓶　　　　　　　B. 玻璃棒　　　　　　　C. 量筒　　　　　　　D. 称量纸

2. 食品检验中需要使用的量器类玻璃器皿有滴定管、容量瓶、移液管、（　　）等。

A. 角匙　　　　　　　　B. 玻璃棒　　　　　　　C. 量筒　　　　　　　D. 称量纸

三、简答题

1. 容器类玻璃器皿主要有哪些？列举至少 5 种。

2. 使用容量瓶的注意事项是什么？

四、思考题

玻璃器皿如何洗涤、干燥和保管？

单元测试题答案

一、判断题

1. ×　　2. √

二、单项选择题

1. A   2. C

三、简答题

1. 答：容器类玻璃器皿有试剂瓶、烧杯、锥形瓶、称量瓶、烧瓶、碘量瓶。

2. 答：检查瓶塞是否匹配，不漏水；不能在容量瓶里进行溶质的溶解，应将溶质在烧杯中溶解后转移到容量瓶里；容量瓶不能进行加热；如溶质在溶解过程中放热，要待溶液冷却后再进行转移，因为温度升高瓶体将膨胀，所量体积将不准确；容量瓶只能用于配制溶液，不能长时间或长期储存溶液，因为溶液可能会对瓶体进行腐蚀，从而使容量瓶的精度受到影响；容量瓶使用后应及时洗涤干净，塞上瓶塞，并在塞子与瓶口之间夹一纸条，防止瓶塞与瓶口的磨口处粘连。

 学习单元 2　常用仪器的使用及维护

 学习目标

掌握实验室常用仪器的使用及维护方法

知识要求

食品检验过程中，除了要使用相关器皿外，还需要使用仪器设备。常用的仪器设备有天平、电热恒温水浴锅、电热恒温干燥箱、高温马弗炉、显微镜、拍打器、组织捣碎器、培养箱、高压蒸汽灭菌锅等。检验人员必须熟练掌握这些仪器的使用技术，以顺利开展各项理化、微生物的食品检验工作。

一、托盘天平

托盘天平又称台天平、台秤，用于粗略的称量，精度为 0.1 g。托盘天平主要由游码标尺、平衡调节螺钉、托盘、刻度盘、指针、横梁和游码组成，如图 1—52 所示。

1. 托盘天平的使用

（1）零点调整。使用托盘天平前常把游码放在游码标尺的零刻度点。托盘中未放物体时，如指针不在零刻度点，可用平衡调节螺钉进行调节。

（2）称量。称量物不能直接放在托盘上称量（避免托盘受腐蚀），应放在称过质量的称量纸或表面皿上,潮湿或具腐蚀性的药品则应放在玻璃容器内。

(3)称量物放在左盘,砝码放在右盘,取砝码要用镊子。添加砝码时应从大到小,在添加到游码标尺以内质量时(如 10 g 或 5 g),可移动标尺上的游码,直至指针指示的位置与零点重合(或左右摆动距离相等),记下砝码和游码的读数,此读数即为称量物的质量。

(4)称量完毕,应把砝码放回盒内,把游码标尺的游码移到刻度零点处,将托盘天平打扫干净。

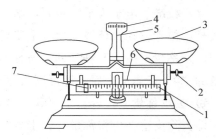

图 1—52　托盘天平构造

1—游码标尺　2—平衡调节螺钉　3—托盘
4—刻度盘　5—指针　6—横梁　7—游码

2. 托盘天平使用及维护的注意事项

(1)托盘天平使用中,被测物的质量不能超过天平的测量范围。

(2)天平不能称热的物质。

(3)取砝码要用镊子,不能直接用手,避免污染砝码。

(4)潮湿样品和化学试剂不可直接放入托盘中,可以用称量纸或表面皿、称量瓶、坩埚进行称量。

二、电子天平

电子天平是定量分析工作中不可缺少的重要仪器(见图 1—53)。天平应放置在牢固平稳的水平桌台上,室内环境要求清洁、干燥并处在较恒定的温度下,同时应避免光线直接照射到天平上。

1. 电子天平的使用

(1)水平调节。使用前观察水平仪中的气泡是否在中心,如不在可调节天平的水平调节脚,使气泡位于水平仪中心。

(2)预热。接通电源,预热至规定时间后,开启显示器进行操作。

(3)开启显示器。轻按"ON"键,显示器全亮,约 2 s 后,显示天平的型号,然后显示称量模式 0.000 0 g(此读数依据天平的精度不同而有所不同)。读数时应关闭天平箱门。

图 1—53　电子天平

（4）校准。电子天平安装后，第一次使用前，应对电子天平进行校准。当天平存放时间较长、位置移动、环境变化或未获得精确测量时，都应进行校准操作。

（5）称量。按"TAR"键，显示为零后，置称量物于秤盘上；待数字稳定即显示器左下角的"0"标志消失后，即可读出称量物的质量。

1）去皮称量。置容器于秤盘上，电子天平显示容器质量，再按"TAR"键，显示为零，即去除皮重。再将称量物置于容器中，或将称量物（粉末状物或液体）逐步加入容器中直至达到所需质量，待显示器左下角"0"消失，这时显示的即是称量物的净质量。将秤盘上的所有物品拿开后，电子天平显示为负值，按"TAR"键，电子天平显示为0.000 0 g。

2）称量的物体应与电子天平箱内的温度一致。过冷、过热的物品应先放在干燥器中，待与室温一致后，再进行称量。

3）实验过程中，应用同一台电子天平；称量数据应及时写在原始记录单上；称量时应从侧门取放物质，读数时应关闭箱门以免空气流动引起读数不稳定。

4）实验中需要准确称取的步骤，如食品中水分、灰分、脂肪等的测定，必须戴手套操作称量器皿，如称量瓶、瓷坩埚、脂肪瓶等。

5）称量完毕必须关好电子天平。

2. 电子天平使用及维护的注意事项

（1）将电子天平置于稳定的工作台上避免振动、气流及阳光照射。

（2）在使用前调整水平仪气泡至中间位置，并按要求进行预热。

（3）被称量的物体只能由侧门取放，称量时要关好箱门。

（4）对于易挥发、易吸湿和具有腐蚀性的被称量物品，应盛于带盖称量瓶内称量，防止因物品的挥发、吸附或腐蚀而损坏电子天平。

（5）电子天平载物不得超过最大负荷。

（6）称量完毕后必须清理电子天平。

（7）称量完毕取出被称量的物品，切断电源，关好电子天平的门，保证电子天平内外清洁，最后罩上布罩。为了防潮，在电子天平箱里应放干燥剂（一般用变色硅胶）。

（8）如发现电子天平损坏或工作不正常，应立即停止使用，并送相关部门检修。

三、显微镜

普通光学显微镜是用于观察微小生物个体形态、大小、排列方式等的设备，如图1—54所示。

显微镜的基本构造可分为光学系统和机械装置两大部分。光学部分包括目镜、物镜、

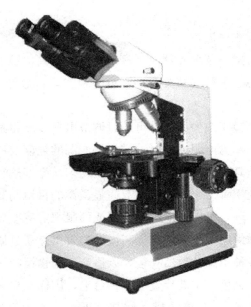

图 1—54　普通光学显微镜

聚光器、反光镜，机械部分包括镜筒、镜臂、镜座、物镜转换器、调节螺旋、推进器、标本夹、镜台、光圈等，如图 1—55 所示。

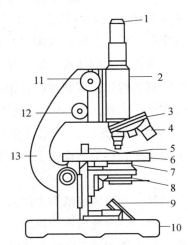

图 1—55　普通光学显微镜的结构

1—目镜　2—镜筒　3—物镜转换器　4—物镜　5—标本夹　6—镜台　7—聚光器

8—光圈　9—反光镜　10—镜座　11—粗调节螺旋　12—细调节螺旋　13—镜臂

1. 显微镜的使用

使用显微镜应按以下顺序进行:

安置→调光源→调目镜→调聚光器→观察(低倍镜→高倍镜→油镜)→擦镜→复原。

(1) 安置。置显微镜于平整的实验台上,镜座距实验台边缘约 10 cm。镜检时姿势要端正。

(2) 调光源。安装在镜座内的光源灯可通过调节电压以获得适当的照明亮度,若使用反光镜采集自然光或灯光作为照明光源时,应根据光源的强度及所用物镜的放大倍数选用凹面或平面反光镜并调节其角度,使视野内的光线均匀,亮度适宜。

(3) 调目镜。根据使用者的个人情况,双筒显微镜的目镜间距可以适当调节。左目镜上一般还配有屈光度调节环,可以适应眼距不同或两眼视力有差异的不同观察者。

(4) 调聚光器。正确使用聚光镜才能提高镜检的效果。通过调节聚光镜下面可变光栏的开放程度,可以得到各种不同的数值孔径,以适应不同物镜的需要。

(5) 低倍镜观察。将染色标本玻片置于载物台上,用标本夹夹住,移动推进器使观察对象处在物镜的正下方。下降 10 倍物镜,使其接近标本,用粗调节螺旋慢慢升起镜筒,使标本在视野中初步聚焦,再用细调节螺旋调节使物像至清晰。通过玻片夹推进器慢慢移动玻片,认真观察标本各部位,找到合适的目的物,仔细观察并记录所观察到的结果。

(6) 高倍镜观察。在低倍镜下找到合适的观察目标,并将其移至视野中心后,将高倍镜移至工作位置。对聚光器光圈及视野亮度进行适当调节后微调细调节螺旋使物像清晰,利用推进器移动标本找到需要观察的部位,并移至视野中心仔细观察或准备用油镜观察。

(7) 油镜观察。在高倍镜或低倍镜下找到要观察的样品区域后,用粗调节螺旋将镜筒升高,将油镜转到工作位置。在待观察的样品区域加滴香柏油,从侧面注视,用粗调节螺旋将镜筒小心地降下,使油镜浸在油中,并几乎与标本接触时止(注意:切不可将油镜压到标本,否则不仅会压碎玻片,还会损坏镜头)。将聚光器升至最高位置并开足光圈,调节照明使视野的亮度合适,用粗调节螺旋将镜筒徐徐上升,直至视野中出现物像再用细调节螺旋调节使其清晰为止。

(8) 擦镜。观察完毕,上升镜筒。先用擦镜纸擦去镜头上的油,再用擦镜纸蘸取少许二甲苯擦去镜头上的残留油迹,然后用擦镜纸擦去残留的二甲苯。擦镜头时要顺着镜头直径方向擦,不能沿着圆周方向擦。最后再用绸布擦净显微镜的金属部件。

(9) 复原。清洁后,将物镜转成八字形,再向下旋至最低位置。同时将聚光镜降到最低位置,反光镜垂直于镜座。

相关链接

显微镜放大倍数计算：如使用目镜为 $10\times$，物镜为 $100\times$，则物像放大倍数为 $10\times 100 = 1\,000$（倍）。

通常观察霉菌菌丝采用目镜为 $10\times$，物镜为 $10\times$；观察酵母菌个体形态采用目镜为 $10\times$，物镜为 $40\times$；观察细菌个体形态采用目镜为 $10\times$，物镜为 $100\times$。

2. 显微镜使用及维护的注意事项

（1）搬动显微镜时应右手握住镜臂，左手托住底座，使镜身保持直立，并靠近身体，切忌单手拎提。

（2）各个镜面切忌用手或非擦镜纸涂抹，以免污染或损伤镜面。

（3）用油镜时应特别小心，切忌采用眼睛对着目镜边观察边下降镜筒的错误操作。

（4）用二甲苯擦镜头时用量要少，且不宜久抹，以防黏合透镜的树脂溶解。切勿用酒精擦镜头和支架。

（5）显微镜放置的地方要干燥，以免镜片生霉；也要避免灰尘，在箱外暂时放置不用时，要用细布等盖住镜体。显微镜应避免阳光暴晒并远离热源。

四、电热恒温水浴锅

电热恒温水浴锅（见图 1—56）是用于蒸馏、浓缩干燥及恒温加热的设备。常用的电热恒温水浴锅有单孔、双孔、四孔、八孔等规格。

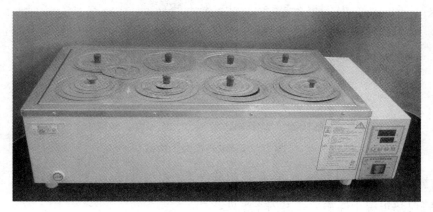

图 1—56　电热恒温水浴锅

1. 电热恒温水浴锅的使用

水浴锅控制器表面有电源开关、调温旋钮和指示灯，在水箱左下侧有放水阀门。

（1）关闭放水阀门，对水浴箱注入清水至适当深度。

（2）安装地线，接电源线。

（3）开启电源，红灯亮表示电阻丝通电加热。

（4）按"Set"（设定）键，设定实验所需水浴工作温度。

（5）水浴锅开始工作后，水浴温度会逐渐达到设定值，起温控作用。实验完毕后，关闭电源开关。

2. 电热恒温水浴锅使用及维护的注意事项

（1）水浴箱内的水位应高于电热管，否则会烧坏电热管；水浴箱内的水如被样品或酸、碱试剂污染，需洗净箱体，换上清水继续工作。

（2）水浴锅的控制箱内部不可受潮，以防漏电。

（3）使用时，应注意水浴箱是否有渗漏现象。

五、电热恒温干燥箱

电热恒温干燥箱（见图1—57）主要用于烘干称量瓶、玻璃器皿、基准物、试样及沉淀等。根据烘干的对象不同，可以调节不同的温度，一般电热恒温干燥箱最高温度可达300℃。

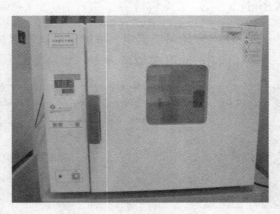

图1—57　电热恒温干燥箱

1. 电热恒温干燥箱的使用

（1）将电热恒温干燥箱放在室内水平处。

（2）接通电源，将三芯插头插入电源插座，将面板左下方的电源开关置于"开"的位置，此时仪表出现数字显示，表示设备进入工作状态。

（3）物品放入箱内后，将玻璃门与外门关闭，并将箱顶上的风顶活门适当旋开。

（4）开启鼓风机，鼓风机开始工作。

（5）通过操作控制面板上的温度控制器，设定所需的箱内温度（调节刻度牌上的刻度仅作参考），红色指示灯亮，表示加热，待红灯灭，绿灯亮，表示加热停止。视箱顶温度计温度高低将调节器反复调整至所需温度。

（6）电热恒温干燥箱开始工作后，箱内温度会逐渐达到设定值，烘干的对象经过所需的干燥处理时间方可。

（7）当到达干燥时间时，开启箱门，用坩埚钳（或戴手套）取出物品（不能用手直接接触物品，防止污染样品或烫伤手），放入干燥器中冷却备用。

（8）待箱温降至室温后，将温度控制器调整至"0"位，关闭鼓风机开关，切断电源。

2. 电热恒温干燥箱使用及维护的注意事项

（1）对于易燃、易爆等危险品及能产生腐蚀性气体的物质，不能放在恒温干燥箱内加热烘干。

（2）被烘干的物质不可散落在箱内，以防止其腐蚀内壁及隔板。

（3）在使用过程中要经常检查箱内的温度是否在设定的范围内，温度控制是否良好，发现问题应及时维修。

（4）在使用过程中如出现异常、气味、烟雾等情况，应立即关闭电源，由专业人员查看和维修。

（5）每台电热恒温干燥箱都配有两块样品搁板，每块样品搁板平均负荷为 15 kg，放置样品时切勿过密与超载，以免影响热空气对流。不能将样品直接放在工作室底部散热板上，以防过热而损坏样品。

（6）每次使用完毕，应将电源全部切断，并保持箱内外清洁。

（7）电热恒温干燥箱长期不用时，应拔掉电源线以防止设备损伤。并定期（一般一季度）按使用条件运行 2~3 天，以驱除电气部分的潮气，避免损坏有关器件。

六、高温马弗炉

高温马弗炉主要用于质量分析中灼烧沉淀、灰分测定等分析检验工作。其工作温度可达 1 000℃以上，配有自动控温仪，用来设定、控制、测量炉膛内的温度，如图 1—58 和图 1—59 所示。

高温马弗炉的炉膛是由耐高温而无涨缩碎裂的氧化硅结合体制成；炉膛的外围包有耐火砖、耐火土、石棉板等，外壳包有带角铁的骨架和铁皮。

1. 高温马弗炉的使用

（1）开启炉门，将样品放置于炉膛中。

图 1—58　高温马弗炉

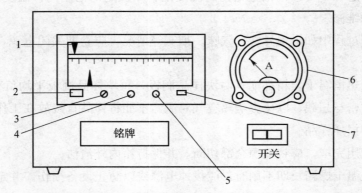

图 1—59　高温马弗炉自动温度控制器面板

1—温度指示针　2—通电指示灯　3—灵敏度调节螺钉　4—温度调零螺钉

5—设定温度调节螺钉　6—电流表　7—恒温指示灯

（2）设定工作温度，接通电源；炉内用温度控制器控温，一般在灼烧前将控温指针拨到预定温度的位置，从到达预定温度开始计算灼烧时间。

（3）灼烧完毕，关闭加热开关，待温度降至室温后取出物品。如果物品需要称量，需待温度降至 200℃以下后，才可打开炉门，用坩埚钳取出物品，放入干燥器内冷却。

2. 高温马弗炉使用及维护的注意事项

（1）使用时要经常查看，防止温控失灵，造成电炉丝烧断等事故。

（2）炉内要保持清洁，炉子周围不要堆放易燃易爆物品。

（3）不使用高温马弗炉时，应切断电源，并将炉门关好，防止耐火材料受潮气侵蚀。

七、组织捣碎器

1. 组织捣碎器（见图1—60）的使用

（1）将已去除果壳、果核、骨、筋膜的样品用小刀或剪刀切碎并放入玻璃缸中，加入适量水。

（2）检查电动机转动轴的转动是否灵活，连接是否牢固可靠，转动轴和刀片不能与橡胶盖或玻璃缸接触。

（3）接通电源，电动机转动轴和刀片转动时应该平稳无跳动现象。待组织捣碎器工作1~2 min后，间歇5 min，如果需要，再继续捣碎。

（4）捣碎完毕，要切断电源，松开转动轴连接接头，取下玻璃缸倒出浆液，洗净、晾干玻璃缸和刀片，以备下次使用。

2. 组织捣碎器使用及维护的注意事项

（1）使用中切勿让电动机空转，否则容易烧毁电动机，每次旋转最多不得超过5 min。

（2）每次使用后必须清洗干净并干燥。

图1—60 组织捣碎器

八、拍打器

1. 拍打器（见图1—61）的使用

（1）将拍打器放置在牢固的水平台面上，连接好电源线，打开电源开关。

（2）将样品装入塑料袋内，平整地放入混合箱。微生物样品称量后需加入稀释液一起拍打混匀。

（3）扳动锁紧扳手，将其定位锁紧。锁紧仓门的同时，电动机会自动启动，若发现异常情况，应及时开启仓门，电动机会自动停止。

（4）旋转拍打器后部的行程调节旋钮，设定所需的均质行程。

（5）运转过程中，可调节速度的快慢（一般建议提前设好）。

（6）可从窗口观察样品状态，规定时间结束时取出样品即可。

2. 拍打器使用及维护的注意事项

（1）每次使用后应及时清理仓内遗留物质。

图 1—61　拍打器

（2）透明窗应用细软的全棉布擦拭干净。

（3）滴液盘用来盛放均质袋破裂所漏出的溶液，应随时观察，及时清理。

（4）一般情况下，连续运转时间不得超过 20 min。

（5）带有坚硬外壳的食品不宜直接拍打，以免损坏塑料袋。

九、培养箱

电热恒温培养箱是培养微生物的主要设备，如图1—62所示。

1. 培养箱的使用

（1）培养箱应放置在清洁整齐、干燥通风的场所。

（2）仪器使用前，各控制开关均应处于非工作状态。

（3）接通外电源，将电源开关置于"开"的位置，指示灯亮。

（4）根据检验方法的要求，设定培养温度。

（5）在箱内培养层架上放置试验样品，放置时各培养皿之间应保持适当间隔，以利于冷（热）空气的对流循环。

（6）每次停机前，各控制开关均应处于非工作状态，然后切断电源。

2. 培养箱使用及维护的注意事项

（1）首次或长期搁置恢复使用时，应空载启动 6～8 h，

图 1—62　培养箱

其间启闭 2～3 次，消除运输或储存过程中可能发生的故障，再进行正常使用。

（2）箱内不应放入过热或过冷物品，以免箱内温度急剧变化，阻碍微生物的生长。取放物品时，应随手关闭箱门，以保持恒温。

（3）箱内培养物不应放置过挤，以免空气不能流通，而使箱内温度不匀。各层金属孔上放置物不应过重，以免将金属孔架压弯滑脱，打碎培养物。

（4）为防止污染，低温使用时应尽量避免在工作腔壁上凝结水珠。

（5）不适用于含有易挥发性化学试剂、低浓度爆炸气体和低着火点气体的物品及有毒物品的培养。

（6）箱内可放入一只装水容器，以维持箱内湿度和减少培养物中的水分大量蒸发。

（7）培养箱底部因接近电源，温度较高，培养物不宜紧贴底层，以免培养物因较高温度而影响微生物的生长繁殖。

（8）箱内要保持清洁，并经常用 75%（体积分数）的酒精消毒，再用清水和抹布擦净。

（9）培养箱应每年进行一次计量检定，以保证检测结果的准确性。

（10）隔水式培养箱夹层应保持一定的水位。

十、高压蒸汽灭菌锅（见图 1—63）

高压蒸汽灭菌锅是根据水的沸点与蒸汽压力成正比的原理设计的。灭菌锅工作时，其底部的水受热产生蒸汽，充满内部空间，由于灭菌锅密闭，使水蒸气不断逸出，增加了锅

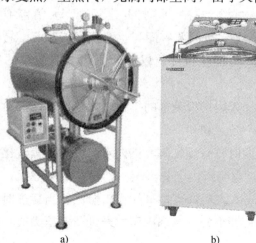

a)　　　　　　　　　　　b)　　　　　　　　　　　c)

图 1—63　高压蒸汽灭菌锅

a) 横卧式　b) 直立式　c) 手提式

内压力，水的沸点随水蒸气压力的增加而上升，获得了比 100℃更高的蒸汽温度，导致菌体蛋白质凝固变性从而达到灭菌的目的。根据此原理高压蒸汽灭菌锅可在短时间内杀死全部微生物及其芽孢、孢子。

高压蒸汽灭菌锅是应用最广、效果最好的湿热灭菌器，可用于培养基、稀释液、废弃的培养物和耐高热药品、纱布、玻璃等试验材料的灭菌。高压蒸汽灭菌锅常用的灭菌压力、温度与时间见表1—8。其种类有横卧式、直立式、手提式三种，加热类型有电加热或蒸汽加热两种，其构造与灭菌原理基本相同。

表 1—8　　　　　　　　　　高压蒸汽灭菌锅常用的灭菌压力、温度与时间

蒸汽压力 （MPa）	蒸汽温度 （℃）	灭菌时间 （min）	适 用 范 围
0.050	112	20～30	用于含糖培养基及不耐热物品的灭菌
0.070	115	20～30	用于脱脂乳、全脂牛乳培养基的灭菌
0.100	121	15～20	用于普通培养基、稀释液、玻璃器皿、金属器械、工作服及传染性、致病性标本的灭菌

1. 手提式高压蒸汽灭菌锅的使用

（1）加水。首先将内层灭菌桶取出，向外层锅内加入适量的水，使水面与三角搁架相平为宜，然后放回内层灭菌桶。

（2）装料。将欲灭菌的物品包好后，放入灭菌桶内（器物不能装得过满，以免影响灭菌效果），盖好锅盖，将螺旋柄拧紧（对角式均匀拧紧），打开排气阀。无菌包不宜过大（小于 50 cm×30 cm×30 cm），不宜过紧，各包裹间要有间隙，使蒸汽能对流，易传递到包裹中央。三角烧瓶瓶口与培养皿均不要与桶壁接触，以免冷凝水淋湿包口的纸透入瓶塞。

（3）加盖。加盖并将盖上的排气软管插入内层灭菌桶的排气槽内。再以两两对称的方式同时旋紧相对的两个螺栓，使螺栓松紧一致，切勿漏气。

（4）接通电源或开启煤气，加热，并同时打开排气阀，锅内水沸腾后，蒸汽逐渐驱赶锅内冷空气，当温度计指针指向 100℃时，表明锅内已充满蒸汽，冷空气被驱尽，关闭排气阀。如果没有温度计，则在持续排气 5 min 之后，当排气阀排出蒸汽相当猛烈时关闭排气阀。此时锅内的温度随蒸汽压力增加而逐渐上升。当锅内压力升到所需压力时，控制热源，维持压力至所需时间。

（5）灭菌结束后，切断电源或关闭煤气，让灭菌锅内温度自然下降，当压力表的压力降至 0 时，缓慢打开排气阀，旋松螺栓，打开盖子，取出灭菌物品。如果压力未降到 0

时，不能打开排气阀，如打开会因锅内压力突然下降，使容器内的培养基由于内外压力不平衡而冲出烧瓶或试管，导致培养基发生污染。

2. 高压蒸汽灭菌锅使用及维护的注意事项

（1）高压蒸汽灭菌锅在使用前应注意检查水位，以防烧坏电热管。

（2）高压蒸汽灭菌锅停用时应排放锅体内的水，防止生锈积垢。

（3）高压蒸汽灭菌锅使用后应擦净锅体内壁，防止腐蚀。

（4）定期检查灭菌效果，检查方法有化学法、物理法、灭菌法。

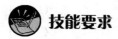 **技能要求**

使用托盘天平称取 20 g 氯化钠

操作准备

设备和材料（见表1—9）

表 1—9 　　　　　　　　　　　　　设备和材料

设备和材料	规格与要求	数量
氯化钠	分析纯	100 g
托盘天平	—	1 台
称量纸	7.5 cm×7.5 cm	2 张
角匙	—	1 把
砝码	—	1 盒
手套	—	1 副

操作步骤

步骤 1　零点调整

使用托盘天平前把游码放在游码标尺的零刻度点。托盘中未放物体时，如指针不在零刻度点，可用平衡调节螺钉进行调节，使指针指在零刻度。

步骤 2　试剂称量准备

氯化钠不能直接放在天平托盘上称量（避免天平托盘受腐蚀），应放在称量纸上称取；在左右两个托盘上各放置 1 张称量纸，注意两侧托盘的平衡。

步骤 3　左物右码

称量物放在左盘，砝码放在右盘；取砝码要用镊子，在右盘添加 20 g 砝码，用角匙舀取氯化钠至左盘的称量纸上，直至指针指示的位置与零点重合（或左右摆动距离相等），此时称取的即为 20 g 氯化钠。

步骤 4　称量完毕

应把砝码放回盒内，将托盘天平打扫干净。

单元测试题

一、判断题

1. 食品检验的常用仪器设备中，如电子天平、电热恒温水浴锅、高温马弗炉等设备，在使用前必须进行预热。　　　　　　　　　　　　　　　　　　　　　　（　　）

2. 高压蒸汽灭菌锅的压力表每年应校准一次。　　　　　　　　　　　　（　　）

二、单项选择题

1. 食品检验的常用仪器设备中，（　　）必须在使用前进行预热。

A. 电子天平　　　　B. 托盘天平　　　　C. 电热恒温水浴锅　　　D. 马弗炉

2. 玻璃器皿的灭菌温度和时间是（　　）。

A. 121℃，20 min　　B. 112 ℃，20 min　　C. 115℃，20 min　　　D. 121℃，10 min

三、简答题

1. 电子天平如何维护保养？

2. 简述显微镜的使用顺序。

四、思考题

高压蒸汽灭菌锅如何使用？

单元测试题答案

一、判断题

1. ×　　2. ×

二、单项选择题

1. A　　2. A

三、简答题

1. 答：天平应放置在牢固平稳的水平桌台上，室内要求清洁、干燥及较恒定的温度，同时应避免光线直接照射到天平上；电子天平安装后，第一次使用前，应对电子天平进行校准，当天平存放时间较长、位置移动、环境变化或未获得精确测量时，电子天平在使用前都应进行校准操作；对于易挥发、易吸湿和具有腐蚀性的被称量物，应盛于带盖称量瓶内称量，以防止因物品的挥发和吸附而使称量不准，或因腐蚀而损坏天平；称量完毕后取出被称量的物品，切断电源，关好电子天平的门，保证电子天平内外清洁，最后罩上布罩；为了防潮，在电子天平箱里应放干燥剂（一般用变色硅胶），并应勤检查、勤更换。

2. 答：显微镜的使用顺序为：安置→调光源→调目镜→调聚光器→观察（低倍镜→高倍镜→油镜）→擦镜→复原。

第 3 节　食品质量检验的基本操作

 学习单元 1　样品采集、制备与保存

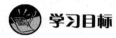 **学习目标**

了解样品抽样、采集的基本知识。

熟悉样品的制备和保存。

 知识要求

食品的种类繁多，并且食品的组成不均匀，其所含成分的分布也不一致，因此，必须采用正确的方法抽样，以确保检验的样品具有代表性。选用适当的方法制样，以确保样品的均匀性，使在检验中称取任何部分都能代表样品的成分。制备好的样品必须妥善保存，因为这些是检验工作中非常重要的部分。

一、检验样品的抽样

1. 抽样的基本要求

抽样就是从整批产品中抽取一定量的具有代表性的样品的过程，因此要注意其科学性、经济性、随机性和风险性。

2. 常用的抽样方法

常用的抽样方法有纯随机抽样、类型抽样、等距抽样、整群抽样和等比例抽样。

二、检验样品的采集

1. 采样要求

（1）抽样后对样品按要求进行采集。采样前，注意抽检样品的生产日期、批号、现场卫生状况、包装和包装容器的状况。

（2）采样用的工具、器具、包装纸和盛放样品的容器应清洁，不应含有干扰物质或被测组分。进行微生物检验用的样品，应严格遵守无菌操作规程。

（3）定型包装食品送检时，保持原包装的完整，并附上原包装上的一切商标及说明，供检验人员参考。

（4）采样后迅速检测，尽量避免样品在检验前发生变化（如被污染、变质、成分逸散、水分及酶变化等），使其保持原来的理化状态。

（5）填写采样记录，并在盛放样品的容器上贴上标签，注明样品的名称、采样的地点、日期、样品批号或编号、采样条件、包装情况、采样数量、检验项目及采样人。

2. 理化检验样品的采集

采样时，除了注意样品的代表性外，还应了解样品的来源、批次组成和储存条件。

（1）散状样品（如粮食、粉状食品）。常使用双套回转取样器（见图1—64）进行取样。将取样器插入容器中，回转180°取出样品，每一包装分上、中、下三层取出3份后，用四分法将样品做成圆形进行混合、四分，取得均匀且有代表性的样品。

图1—64　双套回转取样器

（2）较稠的半固态样品（如稀奶油等）。可用采样器先从上、中、下层分别取出检样，然后混合缩减至得到所需数量的样品。

（3）液体样品。在采样前，需充分混合，可用虹吸法分层取样，每层取500 mL左右，装入小口瓶中混匀。

（4）鱼、肉、蔬菜等组成不均匀的样品。可视检验目的，从被测物的各个部分分别采样，被采样的部分必须是具有代表性的各可食部位（如肌肉、脂肪等，蔬菜的根、茎、叶等），并进行充分打碎混合。

将样品装入预先洗净并烘干的广口瓶中，瓶签上注明名称、采样日期、采样数量、采样方法、采样人等其他情况说明。

3. 微生物检验样品的采集

（1）采样原则

1）根据检验目的、食品特点、批量、检验方法、微生物的危害程度等确定采样方案。

2）应采用随机原则进行采样，确保所采集的样品具有代表性。

3）采样过程遵循无菌操作程序，防止一切可能的外来污染。

4）样品在保存和运输的过程中，应采取必要的措施防止样品中原有微生物的数量变化，保持样品的原有状态。

（2）采样方法。采样过程应遵循无菌操作程序，采样工具和容器应无菌、干燥、防漏，形状及大小适宜。采样方式有重量法和拭子法，食品的采样方法见表1—10。

表 1—10　　　　　　　　　　食品的采样方法

包装规格	采样方法
小于等于 500 g 的固态食品或小于等于 500 mL 的液态食品	取相同批次的最小零售原包装
大于 500 mL 的液态食品	应在采样前摇动或用无菌棒搅拌液体，使其达到均质后分别从相同批次的 n 个容器中采集 5 倍及以上检验单位的样品
大于 500 g 的固态食品	应用无菌采样器从同一包装的几个不同部位分别采取适量样品，放入同一个无菌采样容器内，采样总量应满足微生物指标检验的要求
散装食品	可用无菌采样器现场采集 5 倍或以上检验单位的样品

4. 采样记录

应对采集的样品进行及时、准确的记录和标记，采样人员应清晰填写采样单（包括采样人员、采样地点、时间、样品名称、来源、批号、数量、保存条件等信息）。

盛样容器的标签上必须标明样品名称和样品序号及其他需要说明的情况。标签应牢固，具防水性，字迹不会被擦掉或脱色。

5. 样品的保存

采样后，应将样品在接近原有储存温度的条件下尽快送往实验室检验。运输时应保持样品完整。如不能及时运送，应在接近原有储存温度的条件下储存。如路途遥远，应采取措施尽可能保持样品中原有的微生物状态不发生改变。样品的保存方式见表1—11。

表 1—11   样品的保存方式

食品类型	存放条件
易腐和冷却样品	置于 0～4℃环境中（如冰壶）
冷冻样品	样品应始终处于冷冻状态。可放入 −18℃以下的冰箱内，也可短时保存在泡沫塑料隔热箱内（箱内有干冰温度可维持在 0℃以下）。如有融化，不可将其再冻，应保持冷却及时检验
固体和半固体样品	注意不要使样品过度潮湿，以防食品中固有的微生物增殖
其他食品	放在常温避光处

三、检验样品的制备

1. 制备要求

由于用一般方法取得的样品数量较多、颗粒较大且组成不均匀，因此必须对采集的样品加以适当的制备，以保证其能代表全部样品的情况并满足分析对样品的要求。样品的制备是指对所采集的样品进行分取、粉碎、混匀等过程。制备的目的是得到均匀样品。制备方法如下：

（1）液体、浆体或悬浮液体。摇匀，充分搅拌。

（2）互不相溶的液体。先分离，再分别取样。

（3）固体样品。含水量较低的，粉碎过筛；含水量较高的，取食用部分切碎或先烘干后粉碎过筛。

（4）特殊样品。根据要求特殊处理。

2. 样品的缩分

由于采集的样品相对数量较大，而用于实际分析的样品数量又较少，因此需要对样品进行缩分，以达到分析方法的要求。

（1）将实验室样品混合后用四分法缩分，按以下方法预处理样品：

1）对于个体小的物品（如苹果、坚果、虾等），去掉蒂、皮、核、头、尾、壳等，取出可食部分。

2）对于个体大的基本均匀物品（如西瓜、干酪等），可在对称轴或对称面上分割或切成小块。

3）对于不均匀的个体样品（如鱼、菜等），可在不同部位切取小片或截取小段。

（2）对于苹果或果实形状近似对称的样品进行分割时，应收集对角部位进行缩分。

（3）对于细长、扁平或组分含量在各部位有差异的样品，应间隔一定的距离取多份小块进行缩分。

（4）对于谷类和豆类等粒状、粉状或类似的样品，应使用圆锥四分法（堆成圆锥体→压成扁平圆形→划两条交叉直线分成四等份→取对角部分）进行缩分。

（5）混合经预处理的样品，用四分法缩分，分成三份。一份测试用，一份需要时复查或确认用，一份作留样备用。

注意：每处理一个样品后，制样工具应冲洗或擦洗一次，严防交叉污染。

 相关链接

四分法的做法是：将采集的样品充分混合均匀后，堆集在清洁的板上，压平成厚度在3 cm以下的饼状，划分对角线，分成四份，保留对角的两份，其余两份弃去，如果保留的样品数量仍很多，可再用四分法处理，直至对角的两份达到所需数量为止，如图1—65所示。

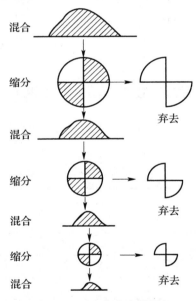

图1—65　四分法取样图解

3. 样品的保存

样品采集后应于当天分析，以防止其中水分或挥发性物质的散失及待测组分含量的变化。因时间或条件的限制，不能及时分析的或留样的样品则应妥善保存，不能使样品出现受潮、挥发、风干、变质等现象，以保证测定结果的准确性。

（1）保存原则。干燥、低温、避光、密封。

（2）保存方法。不同的样品，其保存的条件也不同。样品的保存见表1—12。

表 1—12　　　　　　　　　　　　　　　样品的保存

样品类别	盛装容器	保存条件
粮谷、豆、食用菌、脱水蔬菜等干货类	食品塑料袋、玻璃广口瓶	常温、通风良好
坚果、饼干、糕点等	食品塑料袋、玻璃广口瓶	常温、通风良好、避光
水果、蔬菜、鲜菇等	食品塑料袋、玻璃广口瓶	−18℃以下的冰柜或冰箱冷冻室
水产品、肉等	食品塑料袋	−18℃以下的冰柜或冰箱冷冻室
蛋类	塑料瓶、玻璃广口瓶	5℃以下的冰箱冷藏室
油脂、乳制品、罐头食品类	玻璃广口瓶、原盛装瓶（罐头）	5℃以下的冰箱冷藏室

（3）注意事项。一般样品在检验结束后，应保留一个月以备需要时复查，保留期从检验报告单签发之日起开始计算；易变质食品不予保留。保留样品按日期、批次、编号加封存入适当的地方，并尽可能保持原状。

 技能要求

制备检验样品（大米）

操作准备
1. 设备和材料（见表1—13）

表 1—13　　　　　　　　　　　　　　　设备和材料

设备和材料	规格与要求	数量
粉碎机	家用小型	1台
密封袋	15 cm×20 cm	3个
标签纸	带黏性	3张
不锈钢勺	—	1把
水笔	—	1支

2. 样品
大米 500 g。
操作步骤
步骤1　标识
在3个密封袋上，分别贴上标签。

步骤 2　制样

（1）将粉碎机的塑料杯洗净，擦干。

（2）把大米倒入塑料杯中，盖上带有粉碎刀的盖子，旋紧。

（3）放在粉碎机的底座上，开启电源，粉碎 2 min。

（4）停止转动后，打开盖子，把粉碎后的样品用不锈钢勺，分别舀入 3 个密封袋，合上袋口。

步骤 3　填写标签

将样品的信息分别填写在每一个样品的标签上，标签填写内容见表 1－14 中斜体部分。

表 1—14　　　　　　　　　　标签填写内容

标签编号	2013－YP－1	2013－YP－2	2013－YP－3
样品名称	大米	大米	大米
生产日期	2013－07－10	2013－07－10	2013－07－10
制样日期	2013－07－20	2013－07－20	2013－07－20
温湿度（℃/%）	25 / 65	25 / 65	25 / 65
样品性质	测试用	留样备用	复查用
制样人	张丽丽	张丽丽	张丽丽

 技能要求

使用电子天平精确称取饼干样品

操作准备

1. 设备和材料

设备和材料见表 1—15。

表 1—15　　　　　　　　　　设备和材料

设备和材料	规格与要求	数量
电子天平	精确度 0.000 1 g	1 台
烧杯	容量为 50 mL	2 个
不锈钢角匙	长柄	1 个
记号笔	—	1 支

2. 样品

饼干样品 500 g。

操作步骤

步骤 1　标识

在两个烧杯上，用记号笔分别写上 1，2。

步骤 2　称样

精确称取 5 g 饼干。

（1）将天平接上电源，调节天平底座螺钉，查看天平水平仪中的气泡是否在中央。

（2）关上天平的侧门，置零，天平显示 0.000 0。

（3）打开天平侧门，放上 1 号烧杯，关上侧门，去皮，天平显示 0.000 0。

（4）打开天平侧门，将烧杯从天平上取出。用角匙取饼干放入烧杯中，把装有样品的 1 号烧杯放上天平。当天平显示 5 g 左右时，关上天平侧门，待天平显示的数字稳定时，读取数字（5.001 3 g）同时记在原始记录的样品 1 的位置。

（5）重复上述（3）～（4）的步骤，称取样品 2 的质量（5.000 3 g）。

步骤 3　填写原始记录

选用设备见表 1—16，试验记录见表 1—17，表中斜体部分是填写的记录内容。

表 1—16　　　　　　　　选用设备表

选用设备	设备编号及计量状态
电子天平	471－20 有计量标识　在检定有效期内

表 1—17　　　　　　　　试验记录表

样品名称	饼干	检验方法依据	/
样品编号	2013－01	样品状态	固体
仪器名称	电子天平	仪器编号	471－20
温湿度（℃/%）	30/ 60	检验地点	303 室
平行试验		1	2
样品质量（g）		5.001 3	5.000 3
平均质量（g）		5.000 8	
两次称量的差值（g）		0.001 0	
备　注：		/	

检验人员：张丽丽　　　检验日期：2013 年 7 月 20 日

配制 5‰氯化钠溶液 100 mL

操作准备

1. 设备和材料

设备和材料见表 1—18。

表 1—18   设备和材料

设备和材料	规格与要求	数量
电子天平	精确度 0.01 g	1 台
烧杯	容量为 50 mL	1 个
不锈钢角匙	长柄	1 个
容量瓶	100 mL	1 个
玻璃棒		1 根
洗瓶	500 mL	1 个

2. 试剂

氯化钠 50 g。

操作步骤

步骤 1   计算

5‰氯化钠溶液 100 mL，所需要固体氯化钠 5.00 g。

步骤 2   准确称取固体试剂

天平预热后，把烧杯放入天平中，去皮校零，用角匙舀取氯化钠，准确称取 5.00 g。

步骤 3   溶解并转移样液

在烧杯中准确称量氯化钠后，加入少量蒸馏水，搅拌使其溶解（若难溶，可视试样的性状选用稍加热或超声波超声溶解，但必须冷却后才能转移），然后把溶液沿玻璃棒转移到容量瓶里。为保证溶质能全部转移到容量瓶中，要用溶剂少量多次洗涤烧杯，至少润洗 3 次，并把洗涤溶液全部转移到容量瓶里。

步骤 4   容量瓶定容

向容量瓶内加入的液体液面离标线 1～2 cm 时，应改用滴管缓慢地滴加，最后眼睛平视标线，使液体的弯月面（凹液面）与刻度线正好相切。

步骤 5   溶液的摇匀

将容量瓶盖紧瓶塞，用一只手的掌心顶住瓶塞，另一只手的手指托住瓶底，注意不要用手掌握住瓶身，以免体温使液体膨胀，影响容积的准确（对于容积小于 100 mL 的容量瓶,不必托住瓶底)。随后将容量瓶倒转,使气泡上升到顶,此时可将瓶振荡数次。再倒转过来,仍使气泡上升到顶。如此反复10次以上,才能将溶液混合均匀。

单元测试题

一、判断题

1. 采集液体样品时,可直接量取,不需要搅拌均匀。   (   )

2. 微生物样品采集时应采用比例抽样原则进行采样,确保所采集的样品具有代表性。

(   )

二、单项选择题

1. 食品检验中常用的抽样方法有纯随机抽样、类型抽样、(   )、整群抽样和等比例抽样。

    A. 规定抽样   B. 等距抽样   C. 分层抽样   D. 局部抽样

2. 采样信息不包括(   )。

    A. 采样地点   B. 样品名称   C. 保存条件   D. 价格

三、简答题

1. 简述抽样要求。

2. 微生物检验样品的采样原则是什么?

四、思考题

检验样品的采样要求是什么?

单元测试题答案

一、判断题

1. ×   2. ×

二、单项选择题

1. B   2. D

三、简答题

1. 答:抽样就是从整批产品中抽取一定量的具有代表性的样品的过程,因此要注意其科学性、经济性、随机性和风险性。

2. 答:

(1) 根据检验目的、食品特点、批量、检验方法、微生物的危害程度等确定采样方案。

（2）应采用随机原则进行采样，确保所采集的样品具有代表性。

（3）采样过程遵循无菌操作程序，防止一切可能的外来污染。

（4）样品在保存和运输的过程中，应采取必要的措施防止样品中原有微生物的数量变化，保持样品的原有状态。

 学习单元 2　检验基本操作

 学习目标

了解食品质量检验中理化检验操作要求。

熟悉食品质量检验中理化检验的试剂配制和保存。

熟悉食品质量检验中微生物检验的试剂配制和基础操作。

 知识要求

学习食品理化和微生物检验的操作基础、试剂配制和存储，实验室用水要求，微生物检验的培养基配制、灭菌消毒、无菌操作、接种培养和染色涂片等知识，使检验员更好地掌握食品常规检验基本操作要求。

一、理化检验操作要求

1. 称取、准确称取、恒重

（1）称取。用天平进行的称量操作，其准确度要求用数值的有效位数表示。如"称取20.0 g"指称量准确至 ±0.1 g；"称取 20.00 g"指称量准确至 ±0.01 g，按标准要求选用天平。

（2）准确称取。用天平进行的称量操作，其准确度为 $\pm0.000\,1$ g。

（3）恒重。在规定的条件下，连续两次干燥或灼烧后称定的质量差值不超过规定的范围。

2. 量取、吸取、转移、定容

（1）量取。用量筒或量杯取液体物质的操作。

（2）吸取。用移液管、刻度吸量管取液体物质的操作。

（3）转移。将溶液定量转移时，右手拿玻璃棒悬空插入容量瓶内，左手拿烧杯，使烧杯嘴紧靠玻璃棒，使溶液沿玻璃棒慢慢流入，如图1—66所示。

（4）定容。将溶液充满至容量瓶或比色管的刻度标线，凹液面与标线相切时，所容纳的溶液体积等于瓶上标示的体积。在定容时，要求将容量瓶或比色管拿起，视线需与凹液面、标线处于同一水平面。

图1—66　转移溶液的操作

3. 溶解

溶解是指将固体试剂或样品，加入蒸馏水或溶剂变成溶液的过程。当溶解固体试剂或样品时，加入溶剂后可以用玻璃棒搅拌或加热等方法来加快溶解速度，也可用振荡、超声的方法代替搅拌；根据被溶解物质的稳定性，可以选用不同的方法进行溶解。

4. 空白试验

空白试验是除不加试样外，采用完全相同的分析步骤、试剂和用量，进行平行操作所得的结果。

二、检验用试剂

实验室选用试剂的纯度对食品检验十分重要，直接影响试验结果的准确性。正确选择、使用实验室的化学试剂，关系到检验结果的准确度和检验成本。在检验过程应做到合理使用试剂，不盲目追求高纯度而造成浪费，也不随意降低规格而影响试验分析结果的准确度。

1. 化学试剂的分类

化学试剂的等级、符号和用途见表1—19。

表1—19　　　　　　　　　　化学试剂的等级、符号和用途

等级	符号	用途
基准试剂	PT	物质纯度高且准确可靠，常用作滴定分析中的基准物质，也可用于配制标准溶液
优级纯试剂	GR	物质纯度很高，用于精密分析和科学研究工作
分析纯试剂	AR	物质纯度仅次于优级纯试剂，是常用的分析试剂
化学纯试剂	CP	物质纯度低于分析纯试剂，可用于学校试验、厂矿的日常分析

2. 试剂的储存

试剂的储存是十分重要的，在储存过程中要防止水分、灰分和其他物质沾污。同时，应依据试剂的性质不同而采用不同的储存方法。

（1）易见光分解的试剂，如过氧化氢、硝酸银、高锰酸钾、草酸等，应储存于棕色试剂瓶中，置于暗处保存。

（2）容易侵蚀玻璃的试剂，如氢氟酸、氢氧化钠、氢氧化钾等应存放在塑料瓶内。

（3）吸水性强的试剂，如无水碳酸钠、氢氧化钠等试剂，瓶口注意密封。

（4）容易相互作用的试剂，如挥发性的酸与氨、氧化剂与还原剂，应分开存放。

（5）易燃与易爆的试剂应分开存放于阴凉通风、无阳光直射的地方。

（6）剧毒试剂，如氰化钾、三氧化二砷、二氯化汞等，应储存于保险箱中"双人、双锁"专人保管，取用时严格做好记录，避免发生意外事故。

三、实验室用水

水是实验室中最常用的溶剂，在食品分析检验中离不开蒸馏水或特殊用途的去离子水。一般在未特殊注明的情况下，无论是配制试剂时用的水，还是检验操作过程中加入的水，均为纯度能满足分析要求的蒸馏水或去离子水。

1. 实验室用水的规格

国家标准 GB/T 6682—2008《分析实验室用水规格和试验方法》将适用于化学分析和无机痕量分析等试验用水分为 3 个级别：一级水、二级水和三级水。实验室用水规格和主要指标见表 1—20。

表 1—20　　　　　　　　　　　实验室用水规格和主要指标

项　目	一级水	二级水	三级水
pH 值范围（25℃）	—	—	5.0～7.5
电导率（25℃）（mS/m）	≤0.01	≤0.10	≤0.50
可氧化物质含量［以（O）计］（mg/L）	—	≤0.08	≤0.4
吸光度（254 nm，1 cm 光程）	≤0.001	≤0.01	—
蒸发残渣（105℃±2℃）含量（mg/L）	—	≤1.0	≤2.0
可溶性硅（以 SiO_2 计）含量（mg/L）	≤0.01	≤0.02	—

2. 实验室用水的适用范围和储存方式

经过纯化方式制得的各种级别的实验室用水，纯度越高要求储存的条件越严格，在实际的分析工作中应根据不同分析方法的要求合理选用实验室用水，各级别的实验室用水的适用范围和储存方式见表1—21。

表 1—21 实验室用水的适用范围和储存方式

级别	适用范围	储存方式
一级水	有严格要求的分析试验 （如高压液相色谱分析，液质分析， 石墨炉原子吸收光谱等）	储存于密闭的、专用 聚乙烯（或玻璃）容器中
二级水	无机痕量分析 （如原子吸收光谱分析、电化学分析等）	储存于密闭的、专用聚乙烯容器中
三级水	一般的化学分析	储存于密闭的容器中

通常在食品分析检验方法中，试剂栏中会对实验用水有明确规定。

四、配制溶液

1. 常规溶液浓度表示方式

（1）标准滴定溶液用物质的量浓度表示，如 $c(H_2SO_4) = 0.104\ 1$ mol/L，$c(KMnO_4) = 0.050\ 39$ mol/L。

（2）几种固体试剂的混合质量分数或液体试剂的混合体积分数可表示为（1+1），（4+2+1）等。

（3）如果溶液的浓度是以质量比或体积比为基础给出，则可用质量分数或体积分数表示。如 $w_B = 0.25 = 25\%$ 表示物质 B 的质量与混合物的质量之比为 25%；$v_B = 0.1 = 10\%$ 表示物质 B 的体积与混合物体积之比为 10%。

（4）溶液浓度以质量、容量单位表示，可表示为克每升（g/L）或以其适当分倍数表示。

（5）如果溶液由另一种等量溶液稀释配制，应按照下列惯例表示："稀释 $V_1 \rightarrow V_2$"，将体积为 V_1 的特定溶液以某种方式稀释，最终混合物的总体积为 V_2；"稀释 $V_1 + V_2$"，将体积为 V_1 的特定溶液加到体积为 V_2 的溶液中，如（1+1），（2+1）等。

2. 指定溶液的配制步骤

（1）计算。得到所需溶质的量。

（2）称量。固体用天平称取；液体用量筒（或滴定管、移液管）移取。

（3）溶解或稀释。固体溶质完全溶解，可用超声波或加热（视溶质的性质）来加速溶解。

（4）转移。把烧杯内液体转入容量瓶，洗涤烧杯和玻璃棒2～3次，洗涤液一并移入容量瓶，振荡摇匀。

（5）定容。向容量瓶中注入溶剂至距离刻度线 2~3 cm 处，改用滴管滴加溶剂至溶液凹液面与刻度线正好相切。

（6）盖好瓶塞，反复上下颠倒，摇匀。

3. 溶液配制的注意事项

（1）容量瓶使用之前，一定要检查瓶塞是否漏水。

（2）配制一定体积的溶液时，容量瓶的规格必须与配制的溶液的体积相同。

（3）溶质的称取或移取，须在烧杯中进行，不能把溶质直接放入容量瓶中溶解或稀释。如是强碱类试剂加水溶解时，应立即用玻璃棒搅拌；如溶质是强酸类液体，应先在烧杯中加入适量的水，再缓慢加入一定量的酸。

（4）转移溶液前，应静置至溶液温度恢复到室温（如氢氧化钠固体溶于水放热，浓硫酸稀释放热，硝酸铵固体溶于水吸热），以免造成容量瓶的热胀冷缩。

（5）定容后，经反复颠倒，摇匀后会出现容量瓶中的液面低于容量瓶刻度线的情况，这时不能再向容量瓶中添加溶剂。因为定容后液体的体积刚好为容量瓶标定容积。

（6）如果添加溶剂定容时超过了刻度线，不能将超出部分吸走，必须重新配制。

（7）检验方法中所使用的水，未注明其他要求时，均指蒸馏水或去离子水，未指明溶液用何种溶剂配制时，均指水溶液。

（8）检验方法中未指明具体浓度的硫酸、硝酸、盐酸、氨水时，均指市售试剂规格的浓度。

（9）一般试剂用硬质玻璃瓶存放，碱液和金属溶液用聚乙烯瓶存放，需避光试剂储于棕色瓶中；同时正确填写试剂标签，标明试剂名称、浓度、配制日期和人员、有效期等，及时贴上标签。

4. 溶液的储存

（1）除特殊规定外，标准滴定溶液在常温（15~25℃）下，保存时间一般不超过两个月，当溶液出现混浊、沉淀、颜色变化等现象时，应重新制备；需避光保存的标准滴定溶液应放在棕色瓶内并置于暗处。

（2）常规化学溶液需按其试剂特性，避光、低温、防潮等进行分类储存。

1）见光会分解的溶液，如过氧化氢、硝酸银、高锰酸钾、草酸等应置于棕色瓶中避光储存。

2）容易侵蚀玻璃的溶液，如氢氟酸、氢氧化钠、氢氧化钾等应存放在塑料瓶内，如浓度很稀时，可以用玻璃试剂瓶存放，但瓶盖不能配用玻璃磨口瓶盖，需用木制或塑料的瓶盖。

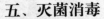

五、灭菌消毒

1. 灭菌与消毒的概念

在微生物试验中，常常采用不同的灭菌和消毒措施以保证实验和实验室的安全。灭菌和消毒的概念见表1—22。

表 1—22　　　　　　　　　　　　　　灭菌和消毒的概念

方法	目　　　的
灭菌	杀灭物体表面或物体中所有微生物（包括病原微生物和非病原微生物）的繁殖体和芽孢的过程。如常用的121℃，20 min 高压蒸汽灭菌
消毒	用物理、化学或生物学的方法杀死病原微生物的过程。如煮沸、有效氯消毒液浸泡或擦拭、紫外线消毒
防腐	防止或抑制微生物生长繁殖的方法。如用福尔马林、食品防腐剂（苯甲酸钠、山梨酸钾）等防腐

2. 常用的灭菌方法

（1）加热灭菌。加热灭菌是通过高温加热使菌体内蛋白质变性凝固，使酶失活，从而达到杀菌目的。蛋白质的凝固变性与其自身含水量有关，含水量越高，其凝固所需要的温度越低。加热灭菌法有干热灭菌和湿热灭菌两种。

在同一温度条件下，湿热灭菌的杀菌效力比干热灭菌大。湿热的穿透力比干热强，可增加灭菌效力；湿热的蒸汽因为有潜热存在，所以能迅速提高被灭菌物品的温度。

常用的加热灭菌法见表1—23。

表 1—23　　　　　　　　　　　　　　常用的加热灭菌法

方法		操作方法
干热灭菌法	焚烧和烧灼法	直接利用火焰烧灼烧死微生物。一般金属器具或器械的灭菌及带有病原菌的一些物品或带病原菌的动植物体进行彻底灭菌废弃处理时，可采用此法
	干烤法	利用干燥箱使温度增高至160℃，维持 2 h。常用于玻璃器皿、金属器具的灭菌。但带有橡胶的物品、液体及固体培养基等都不能用此法灭菌
湿热灭菌法	巴氏消毒法	加热到 62～65℃，保持 30 min，或加热到 75～90℃，保温 15～16 s。此法可杀死微生物的繁殖体
	煮沸消毒法	煮沸 20～30 min 可杀死细菌的营养体，煮沸 1～2 h 可杀死非耐热性强的芽孢。此法适用于器材、器皿及小型日用物品等的消毒

方法	操作方法
高压蒸汽灭菌法	当高压蒸汽灭菌锅内蒸汽压力达到 103.4 kPa 时，水蒸气的温度升高到 121℃，经 15～20 min，可达到灭菌效果。此法适用于耐高温而又不怕蒸汽的物品的灭菌，一般培养基、生理盐水、金属器材、玻璃仪器、传染性标本和工作服等都可应用此法灭菌

（2）过滤除菌。凡不耐受高温或化学药物灭菌的药液、毒素、血液等，可使用过滤除菌法除菌。

（3）辐射灭菌与消毒。辐射灭菌是利用电磁波杀死大多数物质上微生物的一种有效方法。用于灭菌的电磁波有微波、射线和 γ 射线等。

紫外线照射消毒是利用紫外线照射进行空气及物品表面的消毒。

（4）化学消毒法。利用化学药物（通称消毒剂）对体表或物品进行消毒。

常用的消毒试剂有很多，目前约有 10 种，常用的消毒试剂及适用范围见表 1—24。

表 1—24　　　　　　　　　　　常用的消毒试剂及适用范围

类别	试剂	常用浓度	适用范围
氧化剂	高锰酸钾	1～30 g/L	皮肤、蔬菜、水果、餐具等消毒
卤素及其化合物	漂白粉	10～50 g/L	饮用水、水果、蔬菜、环境卫生消毒
	碘酒	2%～5%	一般皮肤、手术部位皮肤消毒
醇类	乙醇	70%～75%	皮肤、器械表面消毒（对芽孢无效）
醛类	甲醛	370～400 g/L	空气熏蒸消毒（无菌室），2～6 mL/m³
表面活性剂	新洁而灭	0.05%～1%	皮肤、器械消毒，浸泡用过的载玻片和盖玻片
染料	结晶紫	20～40 g/L	体表及伤口消毒
酸类	有机酸（如乳酸）	80%	空气熏蒸消毒，1 mL/m³
碱类	石灰水（氢氧化钙）	10～30 g/L	粪便、畜舍消毒
	烧碱（氢氧化钠）	40 g/L	病毒性传染病

3. 影响灭菌与消毒的因素

影响灭菌与消毒的因素有很多，如酸碱度、灭菌处理剂量的大小、微生物所依附的介质等都可以影响灭菌和消毒的效果，而微生物的特性、微生物污染程度、温度、湿度的影响尤为重要。

（1）微生物的特性。不同的微生物对热的抵抗力和对消毒剂的敏感性不同，如细菌、酵母菌的营养体、霉菌的菌丝体对热较敏感，而细菌芽孢、放线菌、酵母、霉菌的孢子则比营养细胞抗热性强。

不同菌龄的细胞，其抗热性、抗毒力也不同。

（2）微生物污染程度。待灭菌的物品中含菌数越多，灭菌越困难，灭菌所需的时间和强度均应相应增加。这是因为微生物群集在一起，加强了机械保护作用，而且抗性强的个体增多，也增加了灭菌的难度。

（3）温度。温度越高，灭菌效果越好。菌液被冰冻时，灭菌效果将显著降低。

（4）湿度。熏蒸消毒、喷洒干粉、喷雾等都与空气的相对湿度有关。相对湿度合适时，灭菌效果最好。此外，在干燥的环境中，微生物常被介质包被而受到保护，使电离辐射的作用受到限制，这时必须加强灭菌所需的电离辐射剂量。

六、无菌操作

食品的微生物接种必须在无菌环境中用无菌操作进行。无菌是指物体中没有活的微生物存在，而无菌操作则是指防止微生物进入人体或物体的操作方法，称为无菌技术或无菌操作。

1. 环境和人员要求

（1）环境要求

1）实验室环境不应影响检验结果的准确性。

2）实验室的工作区域应与办公室区域明显分开。

3）实验室工作面积和总体布局应能满足从事检验工作的需要，实验室布局应采用单方向工作流程，避免交叉污染。

4）实验室内环境的温度、湿度、照明度、噪声和洁净度等应符合工作要求。

5）一般样品检验应在洁净区域（包括超净工作台或洁净实验室）进行，洁净区域应有明显的标识。无菌室的标识如图1—67所示。

（2）人员要求

1）检验人员应具有相应的教育、微生物专业培训经历，具备相应的资质，能够理解并正确实施检验。

图1—67　无菌室的标识

2）检验人员应掌握实验室生物检验安全操作知识和消毒知识。

3）检验人员应在检验过程中保持个人清洁与卫生，防止人为污染样品。接种食品样品时，首先应在进无菌室前用肥皂洗手，然后用75％酒精棉球将手消毒或用消毒液浸泡，检验完毕应先消毒后洗手，再更换衣帽。

4）检验人员应在检验过程中遵守相关预防措施的规定，保证自身安全。在接种食品样品时，必须更换专用的工作服和鞋帽。工作服、鞋帽应放在无菌室缓冲间，工作前经紫外线消毒后使用。

5）有颜色视觉障碍的人员不能执行涉及辨色的检验。

2. 无菌室要求

（1）无菌室的结构

1）无菌室通常包括缓冲间和工作间两部分。工作间的面积一般可为 $9 \sim 12 \ m^2$，以适宜操作为准。缓冲间和工作间面积的比例可为 1：2，高度以 2.5 m 左右为宜。

2）无菌室通向外面的窗户应为双层玻璃，并要密封，不得随意打开。

3）工作间的内门与缓冲间的门设置要迂回，避免直接相通，减少工作间内的空气对流，以保证工作间的无菌条件。

4）有条件的无菌室应设有 $0.5 \sim 0.7 \ m^2$ 的传递窗（见图 1—68），用以传递物品。

图 1—68　无菌室传递窗

5）无菌室（包括缓冲间、传递窗）每 $3 \ m^2$ 的面积应配备一根功率为 30 W 的紫外线灯。紫外线灯应无灯罩，灯管距离地面不得超过 2.5 m。

6）缓冲间内需配备有清洁用的水源，安装非手动式开关，并有足够的面积保证工作人员更换工作服和鞋帽。

7）工作间内设有固定的工作台，高度约为 80 cm，台面应保持水平；内墙光滑，应尽量避免死角，采用无渗漏、耐腐蚀的材料，便于清洁、消毒。较为理想的无菌室应配有空调设备和空气净化装置，以便在进行微生物操作时切实达到无尘无菌。

（2）无菌室的使用要求

1）无菌室使用前应将门关紧，打开紫外灯，照射时间不少于 30 min，关闭紫外灯 30 min 后才能进入。应注意不得直接在紫外线下操作，以免引起损伤，灯管每隔两周需用酒精棉球轻轻擦拭，除去上面的灰尘和油垢，以免影响紫外线的穿透力。

2）无菌室内应保持清洁，工作后用含有效氯的消毒液消毒，擦拭工作台、地面和墙壁，无菌室内不得存放与实验无关的物品。

3）进入无菌室后不得随意出入。如需要传递物品，应通过传递窗传递。

4）工作间内应具备专用的仪器设备和器材，如天平、恒温振荡仪、均质器、酒精灯及专用的开瓶器、金属勺、镊子、剪刀、接种环和接种针等。

5）无菌室的推荐温度为 20～25℃，湿度为 40%～60%，应配备温湿度计（精度为 1℃），并做好无菌室的使用记录和温湿度记录。

（3）无菌室的无菌程度测定方法。无菌室应每月检查菌落总数。将已制备好的 3～5 个营养琼脂平皿分别放置在无菌室工作位置的左中右等处，并开盖暴露 30 min，然后倒置于 36℃ 培养箱中培养 48 h，取出观察。100 级洁净区平均杂菌数不得超过 1 个菌落，10 000 级洁净区平均杂菌数不得超过 3 个菌落，如超过限度，应分析原因，并采取相应措施，如延长紫外灯灭菌时间，以及对无菌室进行熏蒸等相应的灭菌措施。

（4）无菌室的消毒。根据无菌室的净化情况和空气中含有的杂菌种类，可采用不同的化学消毒剂进行消毒。

1）一般情况下可酌情定时用 20 mL/m³ 丙二醇溶液熏蒸消毒。

2）霉菌较多时，先用乳酸全面喷洒室内，再用甲醛重蒸。

3）细菌较多时，可采用甲醛和乳酸交替熏蒸。

3. 器具和物品

用于无菌操作的器具和物品主要有接种环（针）、酒精灯、镊子、剪刀、药匙、消毒棉球、硅胶（棉）塞、微量移液器、吸管、吸球、试管、平皿、微孔板、广口瓶、量筒、玻璃棒及涂布棒等。

（1）使用要求

1）检验用品在使用前应保持清洁，必须经灭菌后方可使用。常用的灭菌方法包括湿热法、干热法、化学法等。

2）需要灭菌的检验用品应放置在特定容器内或用合适的材料（如专用包装纸、铝箔纸等）包裹或加塞，以保证灭菌效果。

3）可选择适用于微生物检验的一次性用品来替代反复使用的物品与材料（如培养皿、吸管、吸头、试管、接种环等）。

4）检验用品的储存环境应保持干燥和清洁，已灭菌与未灭菌的用品应分开存放并明确标识。

5）应记录检验用品灭菌或消毒的温度与持续时间。

6）从包装中取出吸管时，吸管尖部不能触及外露部位，使用吸管接种于试管或平皿时，吸管尖不得触及试管或平皿边。接种时，打开平皿的时间应尽量短。平皿接种时，通常把平板的面倾斜至小于 45°。

7）接种样品、转种细菌必须在酒精灯前操作，接种细菌或样品时，吸管从包装中取出到打开试管塞都要通过火焰灭菌。

8）接种环或针在接种细菌前应用火焰烧灼全部金属丝，同时还要烧到环和针与杆的连接处，慢慢地来回通过火焰三次，使接种针或环在火焰上充分烧红，待冷却到室温后，先接触一下培养基，方可用来挑取培养物。接种后，将接种针或环从柄部至针尖或环端逐渐通过火焰灭菌，不要直接烧环，以免残留在接种环上的菌体爆溅而污染环境与操作人员。

9）吸管吸取菌液或样品时，应用相应的橡胶头吸取，不得直接用口吸。

（2）有毒有菌污物处理要求。微生物实验所产生的有毒有菌污物未经灭菌消毒处理，一律不得带出实验室。

1）经过培养的污染材料及废弃物应放在严密的容器或铁丝筐内，并集中存放在指定地点，待统一进行高压蒸汽灭菌。

2）染菌后的吸管，使用完毕应放入含有效氯的消毒液中，最少浸泡 24 h（消毒液体不得低于浸泡的高度），再经 121℃，30 min 高压灭菌。

3）用于冲洗涂片染色的液体，一般可直接冲入下水道，但烈性菌的冲洗液必须留在烧杯中，经高压蒸汽灭菌后方可倒入下水道。染色的玻片放入含有效氯的消毒液中浸泡 24 h 后，煮沸洗涤。做凝集试验用的玻片或平皿，必须经高压蒸汽灭菌后方能洗涤。

4）打碎的培养物，应立即用含有效氯的消毒液喷洒和浸泡被污染部位，浸泡 0.5 h 后再擦拭干净。

5）污染的工作服、帽、口罩等，应放入专用消毒袋内，经高压蒸汽灭菌后方能洗涤。

6）报告检验结果后，被检样品方能处理。检出致病菌的样品要经过无害化处理。

七、微生物培养基和稀释液配制

微生物培养基通常指人工配制的适合微生物生长繁殖或积累代谢产物的营养物质，主要用来培养、分离、鉴定、保存各种微生物或其代谢产物。

1. 培养基的制备

（1）培养基的种类。根据培养基的物理状态，可分为固体培养基、半固体培养基和液体培养基三类。根据培养基的组成成分，可分为天然培养基、合成培养基、半合成培养基三类。根据培养基的目的用途，可分为基础培养基、营养培养基、选择培养基、鉴定培养基等。

1）培养基按物理状态分类的配制方法见表1—25。

表1—25 培养基按物理状态分类的配制方法

物理状态	配 制 方 法
液体培养基	各营养成分按一定比例配制而成的水溶液或液体状态的培养基
固体培养基	液体培养基中加入一定量的凝固剂配制而成的固体状态的培养基
半固体培养基	琼脂加入量为 0.2%～0.5%配制而成的半固体状态的培养基

2）培养基按组成成分分类的配制方法见表1—26。

表1—26 培养基按组成成分分类的配制方法

组成成分	配 制 方 法
天然培养基	利用生物组织、器官及其抽取物或制品配制而成
合成培养基	使用成分完全了解的化学药品配制而成
半合成培养基	由部分天然材料和部分已知的纯化学药品配制而成

3）培养基按目的用途分类的配制方法见表1—27。

表1—27 培养基按目的用途分类的配制方法

目的用途	配 制 方 法
基础培养基	含有微生物所需要的基本营养成分，如肉汤等
营养培养基	在基础培养基中加入葡萄糖、血液、血清或酵母浸膏等物质，可供营养要求较高的微生物生长
选择培养基	根据微生物的特殊营养要求或对一些物理、化学条件的抗性而设计的培养基。利用这种培养基可以把所需要的微生物从混杂的其他微生物中分离出来
鉴定培养基	加入某些试剂或化学药品，使培养后的微生物发生某种变化，从而鉴别不同类型的微生物

（2）培养基的主要成分

1）营养物质。如蛋白胨、肉浸汁、牛肉膏、糖（醇）类、血液、鸡蛋与动物血清、无机盐类及生长因子等。

2）水分。制备培养基应使用蒸馏水。

3）凝固物质。配制固体培养基的凝固物质有琼脂、明胶、卵白蛋白及血清等。

4）抑制剂。如胆盐、煌绿、玫瑰红酸、亚硫酸钠、某些染料及抗生素等。这些物质具有选择性抑菌作用。

5）指示剂。为便于了解和观察细菌是否利用和分解糖类等物质，常在某些培养基中加入一定种类的指示剂，如酚红、甲基红、中性红、溴甲酚紫、煌绿等。

（3）培养基的配制。现代的培养基很多已经商品化生产，不同的培养基可根据匹配的说明书或特定的要求采取不同的方法配制。常用的培养基可根据配方，首先称取需配制量的干粉置于适当大小的烧杯中（由于其中粉剂极易吸潮，故称量时要迅速），然后取一定量（约占总量的1/2）蒸馏水小火加热溶解，并不时用玻璃棒搅拌，以防结焦、溢出，待完全溶解后，停止加热，补足水分。按不同要求进行分装，液体培养基分装高度以试管高度的1/4左右为宜；固体培养基分装入三角瓶内，以不超过三角瓶容积的2/3为宜。培养基分装后加好硅胶塞或试管帽，再包上一层防潮纸，用棉绳系好。在包装纸上标明培养基名称、配制日期等。

最后按照配方所规定的条件及时进行灭菌，普通培养基121℃高压蒸汽灭菌15～20 min，以保证灭菌效果并不损伤培养基的有效成分。若不能及时灭菌应暂时冷藏，以防其中的微生物生长而改变培养基的营养比例和酸碱度，从而带来不利影响。将已灭菌的培养基放于36℃培养箱中培养，经过1～2天，若无菌生长，即可使用，或冷藏备用。

（4）培养基的发展趋势。近年来，随着一系列微量快速生化反应系统的出现，微生物培养基出现了许多比传统方法更敏感、更快速的新品种，如系列的快速检测测试片。

2．稀释液的配制

（1）0.85％生理盐水

1）成分。氯化钠8.5 g，蒸馏水1 000 mL。

2）制法。称取氯化钠8.5 g，溶于1 000 mL蒸馏水中，121℃高压蒸汽灭菌15 min。

（2）磷酸盐缓冲液

1）成分。磷酸二氢钾（KH_2PO_4）34.0 g，蒸馏水500 mL，pH值为7.2。

2）制法

①储存液。称取34.0 g磷酸二氢钾（KH_2PO_4）溶于500 mL蒸馏水中，用约175 mL的1 mol/L氢氧化钠溶液调节pH值，用蒸馏水稀释至1 000 mL后储存于冰箱。

②稀释液。取储存液1.25 mL用蒸馏水稀释至1 000 mL，分装于适宜容器中，121℃高压蒸汽灭菌15 min。

（3）无菌水。制法：直接将蒸馏水121℃高压蒸汽灭菌15 min。

八、接种和培养

微生物接种和培养是食品微生物学中重要的基本技术之一。为了生产和科研的需要，人们往往需从自然界混杂的微生物群体中分离出具有特殊功能的纯种微生物；或重新分离被其他微生物污染或因自发突变而丧失原有优良性状的菌株。

1. 接种

接种是将微生物的纯种或含有微生物的材料（如水、食品、空气、土壤、排泄物等）转移到适于其生长繁殖的人工培养基上的过程。

（1）接种工具。微生物最常用的接种工具有酒精灯、吸管、试管、接种针、接种环、培养皿等，如图1—69所示。

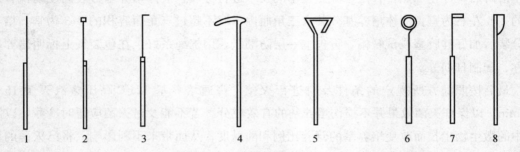

图1—69　接种和分离工具

1—接种针　2—接种环　3—接种钩　4，5—玻璃涂棒
6—接种圈　7—接种锄　8—小解剖刀

（2）接种方法

1）样品接种。由于食品检样种类繁多，因此需要根据食品种类的不同性状，经过预处理，制备成稀释液后接种到不同的培养基中。

2）培养物接种

① 液体接种。将固体培养物接种在液体培养基时可用接种针或接种环挑取含菌材料，插入液体培养基，将菌洗入培养基内。有时也可将某些固形含菌材料直接浸入培养液中，把附着在表面的菌体洗下。将液体培养物接种在液体培养基时，可用接种环挑取培养物，也可用吸管吸取培养物移种于液体培养基中，如图1—70所示。

②倾注接种。取少许纯菌或少许含菌材料（一般是液体材料），先放入无菌的培养皿中，而后倾入已溶化并冷却至46℃左右含有琼脂的灭菌培养基，使其与含菌材料均匀混合后，冷却至凝固，如图1—71所示。

③划线接种。将纯菌或含菌材料用接种环以划线方式接种在固体培养基表面，使微生

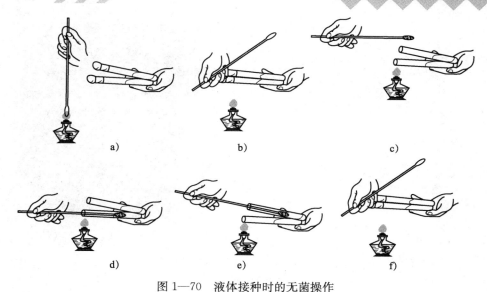

图1—70 液体接种时的无菌操作

a) 接种环灭菌 b) 开启棉塞 c) 管口灭菌 d) 挑起菌苔 e) 接种 f) 塞好棉塞

图1—71 倾注接种

物分散在培养基表面生长。划线法是进行微生物分离的一种常规接种方法，如图1—72和彩图1所示。

④穿刺接种。用接种针将纯菌经穿刺接种到培养基中去。穿刺法常应用于半固体培养基的培养，可以有助于探知菌种对氧的需要情况及有无动力的产生，如图1—73和彩图2所示。

⑤涂布接种。将纯菌或含菌材料均匀地涂布在固体培养基表面，或者将含菌材料在固体培养基的表面仅做局部涂布，然后再用划线法使其分散在整个培养基的表面，如图

a)

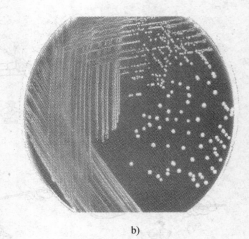

b)

图 1—72 划线接种

a) 划线 b) 结果

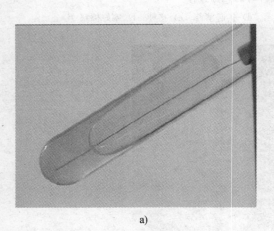

a)

b)

图 1—73 穿刺接种

a) 穿刺 b) 结果

1—74 和彩图 3 所示。

⑥点植接种。将挑取了纯菌或含菌材料的接种针在固体培养基表面的几个点接触一下。点植法常用于霉菌的接种,如图 1—75 和彩图 4 所示。

⑦活体接种。活体接种应用于病毒培养或疫苗预防(如打预防针)。

2. 培养

经微生物接种后的培养基被放置在一定环境条件下,使微生物在培养基上生长繁殖,这一过程称为微生物的培养。根据培养时是否需要氧气,可分为需氧培养和厌氧培养两

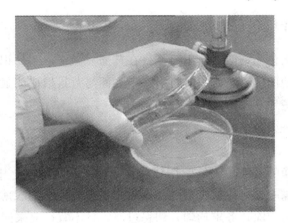

图1—74 涂布接种

图1—75 霉菌的点植接种

大类。

　　（1）需氧培养。需氧微生物的培养必须在有氧的环境中进行，微生物的培养大多数为需氧培养。

　　（2）厌氧培养。利用厌氧培养箱、厌氧罐、厌氧培养基等对厌氧微生物进行培养。培养厌氧性微生物时，要除去培养基中的氧或使氧化还原电位降低，并在培养过程中一直保持与外界氧隔绝以使厌氧微生物生长。

九、细菌的涂片染色与形态观察

细菌形体微小，无色而透明，折射率低，在普通显微镜下不易识别，因此需制作成菌膜涂片借助染色方法使菌体着色，将其折射率增大而与背景形成明显的色差，再经显微镜的放大作用，即能清楚地观察到其形态和结构。

实验流程：制片→染色→镜检。

1. 制片

（1）涂片。取干净的载玻片一块，在载玻片上加一滴蒸馏水，用接种环经火焰灭菌，在试管边缘或平皿边缘冷却，挑取少量细菌涂片，在载玻片上制成薄的涂面，注意取菌不要太多，顺着同一方向，涂片务求均匀，切忌过厚，且不宜往复来回涂抹太久。

（2）晾干。让涂片自然晾干或者在酒精灯火焰上方余温干燥。

（3）固定。手执载玻片一端，让菌膜朝上，通过火焰2～3次固定，温度不宜过高，以载玻片背面不烫手背为宜，因为温度过高，会破坏细胞组织的形态和结构。

2. 染色

（1）染色的基本原理。微生物染色的基本原理，主要是通过细胞及细胞物质对染料的毛细、渗透、吸附等物理因素，以及各种化学反应进行的。如酸性物质对碱性染料较易吸附，且吸附作用稳固；而碱性物质对酸性染料较易吸附。

（2）染料的种类

1）染料按其组成成分可以分为天然染料和人工染料。

2）染料按其电离后染料离子所带电荷的性质，分为酸性染料、碱性染料、中性（复合）染料和单纯染料四大类。

（3）染色方法。按照所用染料种类的不同，可把染色法分为单染色法、复染色法和特殊染色法。此处不介绍特殊染色法。

1）单染色法。单染色法是用一种染料使微生物染色。其操作简便易行，适用于菌体基本形态观察，一般常用碱性染料进行单染色，如美蓝、孔雀绿、碱性复红、结晶紫和中性红等，镜检时基本只能看到细胞的排列和形状。

单染色步骤：将载玻片平放，滴加1～2滴吕氏碱性美蓝于载玻片上（染液刚好覆盖涂片薄膜为宜），染色1～2 min。或使用石炭酸复红、草酸钾结晶紫染色约1 min。倾去染液，用自来水从载玻片一端轻轻冲洗，直至从涂片上流下的水无色为止。水洗时，水流不要直接冲洗涂面。水流不宜过急、过大，以免涂片薄膜脱落。

2）复染色法。复染色法又称鉴别染色法，是用两种或两种以上染料进行染色，适用于鉴别微生物的种类。最常用的为革兰氏染色法，其也是细菌学上最常用的鉴别染色法。

染色结果：菌体呈紫色的为革兰氏阳性菌，以"G+"表示；菌体呈红色的为革兰氏阴性菌，以"G—"表示。

3. 细菌的形态观察

涂片干燥后，进行镜检。镜检时先用低倍镜观察，再用高倍镜观察，找到适当的视野后，将高倍镜转出，在涂片上加香柏油一滴，将油镜浸入油滴中仔细调焦观察细菌的形态。根据观察结果，按比例绘制观察到的各种细菌的形态图。

平板划线与平板涂布

操作准备

1. 设备和材料

设备和材料见表1—28。

表1—28　　　　　　　　　　　　　设备和材料

设备和材料	规格与要求	数量
电炉	1 000～2 000 W	1台
高压蒸汽灭菌锅	121℃	1台
恒温培养箱	36℃±1℃	1台
恒温水浴锅	46℃±1℃	1台
冰箱	0～4℃	1台
电子天平	精确度0.1 g	1台
酒精灯	—	1个
打火机	—	1只
接种环	—	1支
玻璃接种棒	—	1支
三角烧瓶	容量为500 mL	1个
无菌试管	18×180（mm×mm）	1支
无菌吸管	1 mL	1支
无菌平皿	直径为90 mm	2套
试管架	用于18×180（mm×mm）的试管	1个
玻璃烧杯	500 mL或1 000 mL	1只
橡胶乳头	1 mL	1只
洗耳球	5 mL	1只

2. 培养基和试剂

（1）配制营养琼脂培养基。按成品培养基配制方法正确配制，高压蒸汽灭菌。

（2）浇注营养琼脂平板（每皿约 20 mL 琼脂）。

操作步骤

平板划线

步骤 1　右手拿接种环（似握笔状），通过火焰灭菌。

步骤 2　左手拿皿底培养基。

步骤 3　在近火焰处，用接种环挑取一环培养物，先在平板培养基的一边进行第一次平行划线，划 3～4 条。

步骤 4　转动培养皿约 70°，并将接种环上剩余物烧掉，待冷却后通过第一次划线部分进行第二次平行划线。再转动培养皿约 70°通过第二次划线部分进行第三次平行划线，以此类推进行第四次平行划线。

步骤 5　划线完毕盖上平皿盖，倒置于培养箱中培养。

平板涂布

步骤 1　取 1 mL 无菌吸管通过火焰灭菌，吸取 0.1～0.2 mL 培养物，小心地滴在平板培养基表面的中央位置。

步骤 2　用右手拿无菌玻璃接种棒平放在平板培养基表面上，将菌液沿同心圆方向轻轻地向外扩展，使之分布均匀。

步骤 3　室温下静置 5～10 min，使菌液浸入培养基，然后倒置于培养箱中培养。

细菌的简单染色法及其形态观察

操作准备

1. 设备和材料

设备和材料见表 1—29。

表 1—29　　　　　　　　　　　　　　设备和材料

设备和材料	规格与要求	数量
显微镜	光学显微镜	1 台
酒精灯	—	1 个
打火机	—	1 只

续表

设备和材料	规格与要求	数量
接种环	—	1 支
载玻片	—	1 盒
无菌试管	18×180（mm×mm）	1 支
试管架	用于 18×180（mm×mm）的试管	1 个
吸管	10 mL	1 支
洗耳球	10 mL	1 只
玻璃烧杯	500 mL，放置消毒液	1 只
大肠杆菌	24 h 阳性培养物	1 支
擦镜纸	—	1 本
香柏油	—	1 瓶
二甲苯	—	1 瓶

2. 菌种和试剂

（1）配制营养琼脂斜面。按成品培养基配制方法正确配制，分装于试管（约 7 ml/支），高压蒸汽灭菌后搁置斜面。

（2）大肠杆菌营养琼脂斜面培养物。将大肠杆菌菌株接种于营养琼脂斜面和营养肉汤培养基，经 36℃±1℃培养 24 h。

（3）美蓝染色液（见表 1—30）。

表 1—30　　　　美蓝染色液

成分	用量	制法
美蓝	0.3 g	将美蓝溶解于乙醇中，然后与氢氧化钾溶液混合
95％乙醇	30 mL	
0.01％氢氧化钾溶液	100 mL	

（4）无菌生理盐水。0.85 g 氯化钠溶解于 100 mL 蒸馏水，121℃高压蒸汽灭菌 15 min。

操作步骤

步骤 1　制片

1. 载玻片准备

取保存于 95％酒精中的洁净而无油渍的载玻片，用洁净纱布擦去酒精。如载玻片有油渍可滴 95％酒精 2～3 滴或 1～2 滴冰醋酸，用纱布擦净，在酒精灯火焰上烤几次，再用纱布反复擦拭干净即可。冷却后，用特种铅笔在载玻片上注明标号。

2. 涂片

取干净载玻片一块，在载玻片上加一滴蒸馏水，按无菌操作法取大肠杆菌斜面培养物涂片，注意取菌不要太多，以淡淡的乳白色为宜，涂片直径约 1 cm。

3. 晾干

让涂片自然晾干或者在酒精灯火焰上方余热烘干。

4. 固定

手执载玻片一端，让菌膜朝上，利用火焰固定 2～3 次（以不烫手为宜）。

步骤 2　染色

1. 染色

将固定过的涂片放在废液缸上的搁架上，加美蓝染色液染色 1～2 min。

2. 水洗

用水洗去涂片上的染色液。

3. 干燥

将洗过的涂片放在空气中晾干或用吸水纸吸干。

步骤 3　镜检

1. 观察前的准备

（1）安置。置显微镜于平整的实验台上，镜座距实验台边缘约 10 cm。镜检时姿势要端正。一般用左眼观察，右眼绘图或记录，两眼同时睁开，以减轻眼睛的疲劳度。

（2）调光源。安装在镜座内的光源灯可通过调节电压以获得适当的照明亮度，若使用反光镜采集自然光或灯光作为照明光源时，应根据光源的强度及所用物镜的放大倍数来选用凹面或平面反光镜并调节其角度，使视野内的光线均匀，亮度适宜。

（3）调目镜。根据使用者的个人情况，双筒显微镜的目镜间距可以适当调节，而左目镜上一般还配有屈光度调节环，可以适应眼距不同或两眼视力有差异的不同观察者。

（4）调聚光镜。正确使用聚光镜才能提高镜检的效果。通过调节聚光镜下面可变光栏的开放程度，可以得到各种不同的数值孔径，以适应不同物镜的需要。

2. 显微镜观察

一般情况下，特别是初学者，进行显微镜观察时，应遵守从低倍镜到高倍镜再到油镜的观察程序。因为低倍数物镜视野相对较大，易发现目标和确定检查的位置。

（1）低倍镜观察。将染色标本玻片置于载物台上，用标本夹夹住，移动推进器使观察对象处在物镜的正下方。下降 10 倍物镜，使其与标本距离接近 1 cm（单镜筒显微镜）或 0.5 cm（双镜筒显微镜），再用粗调节器慢慢升起镜筒，使标本在视野中初步聚焦，物象出现后，再用细调节器调节使物象至清晰。通过玻片夹推进器慢慢移动玻片，认真观察标本各部位，找到合适的目的物，仔细观察并记录所观察到的结果。

（2）高倍镜观察。在低倍镜下找到合适的观察目标，并将其移至视野中心后，将高倍镜移至工作位置。对聚光镜光圈及视野亮度进行适当调节后微调细调节器使物象清晰，利用推进器移动标本找到需要观察的部位，并移至视野中心仔细观察或准备用油镜观察。

（3）油镜观察。在高倍镜或低倍镜下找到要观察的样品区域后，用粗调节器将镜筒升高，然后将油镜转到工作位置。在待观察的样品区域加一滴香柏油，从侧面注视，用粗调节器将镜筒小心地降下，使油镜浸在油中，几乎要与标本接触时止。将聚光镜升至最高位置并开足光圈，调节照明使视野的亮度合适，用粗调节器将镜筒徐徐上升，直至视野中出现物象再用细调节器调节使其清晰准焦为止。如果油镜已离开油面而仍未见物象，可再将镜头浸入油中，重复以上操作至物象清晰为止。

 相关链接

调节镜筒时切不可将油镜压到标本，否则不仅会压碎玻片，还会损坏镜头。

3. **显微镜用后的处理**

（1）擦镜。观察完毕，上升镜筒。首先用擦镜纸擦去镜头上的油，然后用擦镜纸蘸取少许二甲苯擦去镜头上的残留油迹，最后用擦镜纸擦去残留的二甲苯。严禁用手或其他纸擦镜头，以免损坏镜头。擦镜头时要顺着镜头直径方向擦，不能沿着圆周方向擦。随后再用绸布擦净显微镜的金属部件。

（2）复原。清洁后，将物镜转成八字形，向下旋至最低位置。同时将聚光镜降到最低位置，以免与物镜相撞，再将反光镜垂直于镜座。套上镜套，放回柜内或镜箱中。

步骤4　试验结果与报告

绘出用油镜观察到的大肠杆菌的个体形态、大小、排列方式等。

单元测试题

一、判断题

1. 配制溶液时，一般化学溶液可以用蒸馏水配制。　　　　　　　　　　（　　　）

2. 染色的涂片制作流程是涂片、晾干、固定。　　　　　　　　　　　　（　　　）

二、单项选择题

1. 下列化学试剂中属于剧毒试剂的是（　　　）。

A. 硫酸　　　　　B. 氢氧化钾　　　　C. 氰化钾　　　　D. 高氯酸

2.（　　）不是美蓝染色液染色的步骤。

A. 染色　　　　　B. 水洗　　　　　C. 复染　　　　　D. 干燥

三、简答题

1. 常用的化学试剂分为哪几种？

2. 请简述灭菌、消毒、防腐的概念。

四、思考题

如何配制一定浓度的溶液？

单元测试题答案

一、判断题

1. √　　2. √

二、单项选择题

1. C　　2. C

三、简答题

1. 答：一般化学试剂分为基准试剂、优级纯试剂、分析纯试剂、化学纯试剂。

2. 答：

灭菌：杀灭物体表面或物体中所有微生物（包括病原微生物和非病原微生物）的繁殖体和芽孢的过程。

消毒：用物理、化学或生物学的方法杀死病原微生物的过程。

防腐：防止或抑制微生物生长繁殖的方法。

第 2 章

检　验

第 1 节 质量分析法

　　质量分析法是通过物理或化学反应将试样中待测组分与其他组分分离，用称量的方法测定该组分的含量。质量分析的过程包括分离和称量两个步骤。根据分离的方法不同，质量分析法又可分为挥发法、沉淀法和萃取法等。

　　挥发法常用于测定食品中的水分和灰分含量，水分测定中最常用的有直接干燥法和减压干燥法。质量分析法的特点是分析准确度较高，但是操作复杂，对低含量组分的测定误差较大。

 学习单元 1　直接干燥法测定食品中水分

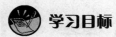 **学习目标**

　　了解直接干燥法测定食品中水分的原理。

　　熟悉利用直接干燥法测定食品的适用范围，实验中所需的设备和试剂。

　　掌握直接干燥法测定食品中水分的测定步骤、结果计算方法和结果报告形式。

　　能够利用直接干燥法开展食品中水分的测定。

 知识要求

　　水是食品的重要成分之一，食品中水分的测定是食品分析的重要检测项目。不同种类的食品水分含量差别很大。控制食品水分含量，对于食品保持良好的感官性状、维持食品中其他组分的平衡关系及食品保质期等均有着重要的作用，如新鲜面包的水分含量若小于 30 g/100 g，则其外观形态干瘪，失去光泽；将乳粉中水分控制在 2.5～3.0 g/100 g，可抑制微生物的生长繁殖等。

　　食品中水分测定一般常用的方法有直接干燥法、减压干燥法、蒸馏法等。

　　直接干燥法适用于不含或含其他挥发性物质甚微的谷物及其制品、水产品、豆制品、乳制品、肉制品及卤菜制品等食品中水分的测定，不适用于水分含量小于 0.5 g/100 g 的样品。而含较多挥发性物质的食品如油脂、香辛料应使用蒸馏法测定。

一、测定原理

直接干燥法测定食品中水分是利用食品中水分的物理性质，在 101.3 kPa（一个标准大气压），温度 101～105℃下采用挥发方法测定样品中干燥减失的质量，包括吸湿水、部分结晶水和该条件下能挥发的物质，再通过干燥前后的称量数值计算出水分的含量。

二、试剂及仪器

1. 试剂

取用水洗去泥土的海沙或河沙，先用 6 mol/L 盐酸煮沸 0.5 h，用水洗至中性，再用 6 mol/L 氢氧化钠溶液煮沸 0.5 h，用水洗至中性，经 105℃干燥备用。

2. 仪器

(1) 分析天平，精度±0.1 mg。

(2) 粉碎机。

(3) 称量瓶（铝制或玻璃）。

(4) 电热恒温干燥箱 103℃±2℃。

(5) 干燥器，内附有效干燥剂。

三、测定步骤

1. 固体试样

取洁净铝制或玻璃制的扁形称量瓶，置于 101～105℃干燥箱中，瓶盖斜支于瓶边，加热 1.0 h，取出盖好瓶盖，置干燥器内冷却 0.5 h，称量，并重复干燥至前后两次质量差不超过 2 mg，即为恒重。

将混合均匀的试样迅速磨细至颗粒小于 2 mm，不易研磨的样品应尽可能切碎，称取 2～10 g 试样（精确至 0.000 1 g），放入此称量瓶中，试样厚度不超过 5 mm，如为疏松试样，厚度不超过 10 mm，加盖，精密称量后，置 101～105℃干燥箱中，瓶盖斜支于瓶边，干燥 2～4 h 后，盖好瓶盖取出，放入干燥器内冷却 0.5 h 后称量。再放入 101～105℃干燥箱中干燥 1 h 左右，取出，放入干燥器内冷却 0.5 h 后再称量。重复以上操作至前后两次质量差不超过 2 mg，即为恒重。

2. 半固体或液体试样

取洁净的称量瓶，内加 10 g 海沙及一根小玻璃棒，置于 101～105℃干燥箱中，干燥 1.0 h 后取出，放入干燥器内冷却 0.5 h 后称量，并重复干燥至恒重。

称取 5～10 g 试样（精确至 0.000 1 g），放入内置海沙并已经恒重的称量瓶中，用小玻璃棒搅匀海沙和样品放在沸水浴上蒸干，并随时搅拌，擦去皿底的水滴，置 101～105℃ 干燥箱中干燥 4 h 后盖好取出，放入干燥器内冷却 0.5 h 后称量。再放入 101～105℃ 干燥箱中干燥 1 h 左右，取出，放入干燥器内冷却 0.5 h 后再称量。重复以上操作至前后两次质量差不超过 2 mg，即为恒重。

四、结果计算

试样中的水分含量计算公式：

$$X = \frac{M_1 - M_2}{M_1 - M_0} \times 100$$

式中 X——样品中水分的含量，g/100 g；

M_1——称量瓶（或蒸发皿加海沙、玻璃棒）和样品的质量，g；

M_2——称量瓶（或蒸发皿加海沙、玻璃棒）和样品干燥后的质量，g；

M_0——称量瓶（或蒸发皿加海沙、玻璃棒）的质量，g。

水分含量≥1 g/100 g 时，计算结果保留三位有效数字；水分含量<1 g/100 g 时，结果保留两位有效数字。

五、精密度

在重复性条件下两次独立测定结果的绝对差值不得超过算术平均值的 5%。

六、测定注意事项

1. 新鲜的果蔬类样品应先洗去泥沙后，用蒸馏水冲洗，然后用洁净纱布吸干表面的水分，再粉碎。

2. 测定时，称量瓶从烘箱中取出后，应立即放在干燥器中进行冷却，切勿暴露在空气中冷却。

3. 干燥器内的硅胶应占底部容积的 1/3～1/2，当硅胶蓝色减退或变红时，需及时调换，换出的硅胶置于烘箱中烘至蓝色后再用。

4. 浓稠液体，一般称量后加水稀释（固形物 20%～30%），否则表面易结块。

5. 为减少称量误差，应控制称量时间，建议每批称量器皿不超过 12 个。

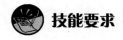 **技能要求**

饼干中水分的测定

依据 GB 5009.3—2010《食品安全国家标准　食品中水分的测定》中第一法，直接干燥法测定饼干中水分。

操作准备

1. 设备和材料

设备和材料见表 2—1。

表 2—1　　　　　　　　　　　　　　　设备和材料

设备和材料	规格与要求	数量
分析天平	精确至 0.1 mg	1 台
电热恒温干燥箱	—	1 台
称量瓶	—	2 只
称量手套	—	1 副
记号笔	—	1 支
角匙	—	1 把
干燥器	内附有效干燥剂	1 只

2. 样品

饼干 500 g，粉碎均匀，过 20 目筛子。

操作步骤

步骤 1　称取称量瓶的质量

取洁净铝制或玻璃制的扁形称量瓶，置于 101～105℃干燥箱中，瓶盖斜支于瓶边，加热 1.0 h，取出盖好瓶盖，置干燥器内冷却 0.5 h，称量，并重复干燥至前后两次质量差不超过 2 mg，即为恒重。

步骤 2　称取样品的质量

称取 2～10 g 试样（精确至 0.000 1 g），放入称量瓶中，试样厚度不超过 5 mm，如为疏松试样，厚度不超过 10 mm，加盖，精密称量。

步骤 3　称取干燥后称量瓶和样品的质量

将装有样品的称量瓶置于 101～105℃干燥箱中，瓶盖斜支于瓶边，干燥 2～4 h 后，盖好瓶盖取出，放入干燥器内冷却 0.5 h 后，称量。然后再放入 101～105℃干燥箱中干燥 1 h 左右，取出，放入干燥器内冷却 0.5 h 后，再称量。

步骤 4　恒重

重复步骤 3 至前后两次质量差不超过 2 mg，即为恒重。

步骤 5　填写原始记录

选用设备见表 2—2，试验结果记录见表 2—3，表中斜体部分是测定后填写的记录内容。

表 2—2 　　　　　　　　　　　　选用设备

选用设备、设备编号	计量状态
分析天平　编号 *001*	有计量标识，在检定有效期内
电热恒温干燥箱　编号 *002*	有计量标识，在检定有效期内

表 2—3 　　　　　　　　　　　　试验结果记录

样品名称		饼干	项目名称：水分	检测依据：*GB 5009.3—2010 第一法*
环境温度/湿度（℃/%）		*20/60*	取样/检测日期	*2013－07－08*
生产日期		*2013/7/7*	生产批次	*20004B*
平行试验			*1*	*2*
称量瓶质量 m_1（g）　第一次称重			*31.449 8*	*35.732 9*
称量瓶质量 m_1（g）　第二次称重			*31.449 7*	*35.732 8*
样品质量＋称量瓶质量 m_2（g）			*32.963 3*	*37.496 7*
干燥温度：*103℃*			干燥时间：*4 h*	
称量瓶＋样品干燥后的质量 m_3（g）	第一次称重		*32.909 5*	*37.434 4*
	第二次称重		*32.909 1*	*37.434 2*
水分计算公式：$X=\dfrac{m_2-m_3}{m_2-m_1}\times100$	计算过程		$X=\dfrac{32.963\ 3-32.909\ 1}{32.963\ 3-31.449\ 7}\times100$	$X=\dfrac{37.496\ 7-37.434\ 2}{37.496\ 7-35.732\ 8}\times100$
水分含量 X（g/100 g）			*3.58*	*3.54*
水分含量平均值（g/100 g）			*3.6*	
标准值（g/100 g）			≤4.0	
单项检验结论			符合	
相对相差（%）			*1*	
相对相差要求（%）			≤5	

备注：/

检测人：张丽丽　　　　　　　　　　　　　检测日期：*2013－07－08*

 **相关链接**

相对相差

实验的精密度通常用相对相差表示，相对相差是在重复性条件下获得的两次独立测定结果的绝对值与其算术平均值之比。

操作中的注意事项

1. 两次恒重值在计算中，取最后一次数值，代入计算公式。

2. 测定过程中，原始记录不能用铅笔填写，不能在草稿纸上记录数值后再誊写；须将数据及时填入原始记录。检测结果的有效位数、单位和相对相差要求，须按照国家标准要求。

3. 样品须均匀粉碎并具有代表性。

4. 称量瓶从 101～105℃ 干燥箱中取出时，不可直接用手接触；需戴棉纱手套，以防止烫伤及数据偏差。

5. 若恒重操作时，前后两次质量差超过 2 mg，须进行第 3 次操作；直至前后两次质量差小于 2 mg。

单元测试题

一、判断题

1. 直接干燥法测定半固体食品水分时，加入海沙增大样品的表面积，有利于去除水分。（　　）

2. 测定食品中水分时，样品在高温马弗炉中加热完毕后，可直接用坩埚钳拿出，放入干燥器中冷却。（　　）

二、单项选择题

1. 直接干燥法测定食品中水分时，海沙用盐酸和氢氧化钠预处理，水洗至呈（　　）时可经干燥备用。

A. 弱酸性　　　　B. 弱碱性　　　　C. 中性　　　　D. 酸性或碱性都可以

2. 测定食品中水分时，所用的器皿是（　　）。

A. 玻璃坩埚　　　B. 称量瓶　　　　C. 表面皿　　　　D. 铝坩埚

三、简答题

1. 直接干燥法测定食品中水分的原理是什么？

2. 直接干燥法测定食品中水分所用的试剂和仪器有哪些？

四、思考题

直接干燥法测定食品中水分的试验中操作注意事项有哪些？

单元测试题答案

一、判断题

1. √　　2. ×

二、单项选择题

1. C　　2. B

三、简答题

1. 答：直接干燥法测定食品中水分的原理是利用食品中水分的物理性质，在101.3 kPa（一个标准大气压），温度101～105℃下采用挥发方法测定样品中干燥减失的质量，包括吸湿水、部分结晶水和该条件下能挥发的物质，再通过干燥前后的称量数值计算出水分的含量。

2. 答：直接干燥法测定食品中水分的试剂是海砂。仪器有分析天平，精度±0.1 mg；粉碎机；称量瓶（铝制或玻璃）；电热恒温干燥箱103℃±2℃；干燥器，内附有效干燥剂。

学习单元2　减压干燥法测定食品中水分

学习目标

了解减压干燥法测定食品中水分的原理。

熟悉利用减压干燥法测定食品的适用范围，实验中所需的设备和试剂。

掌握减压干燥法测定食品中水分的测定步骤、结果计算方法和结果报告形式。

能够利用减压干燥法开展食品中水分的测定。

知识要求

减压干燥法测定食品中的水分适用于糖、味精等易分解的食品，不适用于添加了其他原料的糖果，如奶糖、软糖等试样测定，也不适用于水分含量小于 0.5 g/100 g 的样品。

一、测定原理

减压干燥法测定食品中水分是利用食品中水分的物理性质，在达到 40～53 kPa 压力后加热至 60℃±5℃，采用减压烘干方法去除试样中的水分，再通过烘干前后的称量数值计算出水分的含量。

二、仪器

1. 分析天平，精度±0.1 mg
2. 粉碎机
3. 称量瓶（铝制或玻璃）
4. 真空干燥箱
5. 干燥器，内附有效干燥剂

三、测定步骤

取已恒重的称量瓶称取 2～10 g（精确至 0.000 1 g）试样，放入真空干燥箱内，将真空干燥箱连接真空泵，抽出真空干燥箱内空气（所需压力一般为 40～53 kPa），并同时加热至所需温度 60℃±5℃。关闭真空泵上的活塞，停止抽气，使真空干燥箱内保持一定的温度和压力，经 4 h 后，打开活塞，使空气经干燥装置缓缓通入至真空干燥箱内，待压力恢复正常后再打开真空干燥箱。取出称量瓶，放入干燥器中冷却 0.5 h 后称量，并重复以上操作至前后两次质量差不超过 2 mg，即为恒重。

四、结果计算

计算公式：

$$X = \frac{M_1 - M_2}{M_1 - M_0} \times 100$$

式中　X——样品中水分的含量，g/100 g；

M_1——称量瓶和样品的质量，g；

M_2——称量瓶和样品干燥后的质量，g；

M_0——称量瓶的质量，g。

水分含量≥1 g/100 g 时，计算结果保留三位有效数字；水分含量<1 g/100 g 时，结果保留两位有效数字。

五、精密度

在重复性条件下两次独立测定结果的绝对差值不得超过算术平均值的10％。

六、测定注意事项

1. 真空干燥箱内各部位温度要求均匀一致，干燥箱精度±1℃。

2. 减压干燥时，自干燥箱内压力降至规定真空度时起计算烘干时间。

3. 为防止真空泵产生倒吸，关闭真空泵前应先缓慢打开二通活塞。

 **技能要求**

糖果中水分的测定

依据 GB 5009.3—2010《食品安全国家标准　食品中水分的测定》中第二法，减压干燥法测定水果硬糖中水分。

操作准备

1. 设备和材料

设备和材料见表 2—4。

表 2—4　　　　　　　　　　　　　　　　设备和材料

设备和材料	规格与要求	数量
分析天平	精确至 0.1 mg	1 台
真空干燥箱	—	1 台
称量瓶	—	2 只
称量手套	—	1 副
记号笔	—	1 支
角匙	—	1 把
干燥器	内有蓝色硅胶	1 只

2. 样品

糖果 500 g，粉碎均匀，过 20 目筛子。

操作步骤

步骤 1　称取称量瓶的质量

取洁净铝制或玻璃制的扁形称量瓶，置于 101～105℃干燥箱中，瓶盖斜支于瓶边，加热 1.0 h，取出盖好瓶盖，置干燥器内冷却 0.5 h，称量，并重复干燥至前后两次质量差不

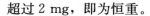

超过 2 mg，即为恒重。

步骤 2　称取样品的质量

称取 2～10 g 试样（精确至 0.000 1 g），放入称量瓶中，试样厚度不超过 5 mm，如为疏松试样，厚度不超过 10 mm，加盖，精密称量。

步骤 3　样品干燥后，称取称量瓶和样品的质量

称量瓶放入真空干燥箱内，瓶盖置于箱外，将真空干燥箱连接真空泵，抽出真空干燥箱内空气（所需压力一般为 40～53 kPa），并同时加热至所需温度 60℃±5℃。关闭真空泵上的活塞，停止抽气，使真空干燥箱内保持一定的温度和压力，经 4 h 后，打开活塞，使空气经干燥装置缓缓通入真空干燥箱内，待压力恢复正常后打开真空干燥箱。取出称量瓶，盖上瓶盖放入干燥器中 0.5 h 后，称量。

步骤 4　恒重

重复步骤 3 至前后两次质量差不超过 2 mg，即为恒重。

步骤 5　填写原始记录

选用设备见表 2—5，实验结果记录见表 2—6，表中斜体部分是测定后填写的记录内容。

表 2—5　　　　　　　　　　　　　　选用设备

选用设备、设备编号	计量状态
电子天平 BS 210S　编号：002	有计量认证，在检定有效期内
真空干燥箱 101A　编号：001	有计量认证，在检定有效期内

表 2—6　　　　　　　　　　　　　　试验结果记录

样品名称	水果糖	项目名称：水分	检验依据：GB 5009.3—2010 第二法
环境温度/湿度（℃/％）	20/60	取样/检测日期	2013－07－17
生产日期	2013/7/7	生产批次	20004A
平行试验		1	2
称量瓶质量 m_1（g）第一次称重		32.996 5	39.874 4
称量瓶质量 m_1（g）第二次称重		32.996 2	39.874 1
样品质量＋称量瓶质量 m_2（g）		34.622 9	41.791 8
干燥温度：60℃		干燥时间：4 h	

称量瓶＋样品干燥后的质量 m_3 （g）	第一次称重	34.589 7	41.752 7
	第二次称重	34.589 0	41.752 3
水分计算公式： $X=\dfrac{m_2-m_3}{m_2-m_1}\times100$	计算过程	$X=\dfrac{34.622\ 9-34.589\ 0}{34.622\ 9-32.996\ 2}\times100$	$X=\dfrac{41.791\ 8-41.752\ 3}{41.791\ 8-39.874\ 1}\times100$
水分含量 X （g/100 g）		2.08	2.06
水分含量平均值（g/100 g）		2.1	
标准值（g/100 g）		≤4.0	
单项检验结论		符合	
相对相差（％）		0.97	
相对相差要求（％）		≤10	
备注：/			

检测人：张丽丽   检测日期：2013－07－17

操作中的注意事项

1. 两次恒重值在计算中，取最后一次数值，代入计算公式。

2. 实验中，原始记录不能用铅笔填写，不能在草稿纸上记录数值后再誊写；须将试验数据及时填入原始记录。实验结果的有效位数、单位和实验相对相差要求，须按照国家标准要求。

3. 样品均匀粉碎后应立刻检测，防止样品吸潮。

4. 真空干燥箱内各部位温度须均匀一致，满足精度要求。

5. 减压干燥时，自干燥箱内压力降至规定真空度时起计算烘干时间。

单元测试题

一、判断题

1. 依据 GB 5009.3—2010 规定，减压干燥法测定水分时，温度应控制在 50℃±5℃。
（   ）

2. 减压干燥法测定水分时，完成样品的烘干后，应立刻打开箱门取出样品进行冷却。
（   ）

二、单项选择题

1. 减压干燥法测定水分时，使用的仪器设备是（   ）。

A. 真空干燥箱　　　　B. 恒温干燥箱　　　　C. 马弗炉　　　　　　D. 恒温水浴锅

2. 减压干燥法测定食品中水分，样品的适用范围包括（   ）。

A. 谷物及其制品　　　B. 糖果和味精　　　　C. 油脂和香辛料　　　D. 可可粉和茶叶

三、简答题

1. 减压干燥法测定食品中水分的原理是什么？

2. 减压干燥法测定食品中水分所用的器皿和仪器有哪些？

四、思考题

减压干燥法测定食品中水分的试验中操作注意事项有哪些？

单元测试题答案

一、判断题

1. ×　　　2. ×

二、单项选择题

1. A　　　2. B

三、简答题

1. 答：减压干燥法测定食品中水分的原理是利用在低压下，水的沸点降低的原理，将试样粉碎、混匀后放入称量瓶中置于真空烘箱内，在 $40 \sim 53\ kPa$ 压力下，加热至 $60℃ \pm 5℃$，干燥到恒重，干燥后样品所失去的质量即为水分含量。

2. 答：减压干燥法测定食品中水分的器皿和仪器有：分析天平，精度 $\pm 0.1\ mg$；粉碎机、称量瓶（铝制或玻璃）、真空干燥箱 $60℃ \pm 5℃$、干燥器（内附有效干燥剂）。

 学习单元 3　食品中灰分的测定

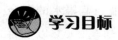 学习目标

了解食品中灰分测定的原理。

熟悉食品中灰分测定的适用范围，实验中所需的设备和试剂。

掌握食品中灰分测定的检测步骤、结果计算方法和结果报告形式。

能够开展食品中灰分的测定。

 知识要求

食品中除含有大量有机物质外，还含有丰富的无机成分。食品经高温灼烧，有机成分挥发逸散，而无机成分则残留下来，这些残留物称为灰分。灰分是标示食品中无机成分总量的一项指标。

测定灰分具有十分重要的意义。不同的食品，因所用原料、加工方法及测定条件的不同，灰分组成和含量也不相同。如某食品的灰分含量超过正常范围，说明食品生产中使用了不合乎卫生标准要求的原料或食品添加剂，或食品在加工、储运过程中受到了污染。因此，测定灰分可以判断食品受污染的程度，也可评价食品的加工精度和食品的品质。

一、测定原理

食品经灼烧后所残留的无机物质称为灰分。灰分数值需灼烧、称重后计算得出。

二、试剂及仪器

1. 1∶4盐酸溶液

2. 0.5%三氯化铁溶液和等量蓝墨水的混合液

3. 分析天平，精度±0.1 mg

4. 马弗炉

5. 坩埚

6. 坩埚钳

7. 干燥器（内附有效干燥剂）

8. 电热板

三、测定步骤

1. 坩埚的准备

将坩埚用1∶4的盐酸溶液煮1～2 h，洗净晾干后，用三氯化铁溶液与蓝墨水的混合液在坩埚外壁及盖上编号；置于550℃±25℃的马弗炉中灼烧0.5 h，冷却至200℃以下后取出，放入干燥器中冷却30 min，准确称量，并重复灼烧至恒重（重复灼烧至前后两次质量相差不超过0.5 mg为恒重）。

2. 样品测定

（1）样品称取。在恒重的坩埚中，加入 2～3 g 固体样品或 5～10 g 液体样品，准确称量。

（2）样品炭化。液体样品须先在沸水浴上蒸干；固体或蒸干后的样品，先在电热板上以小火加热，使样品充分炭化至无烟。

（3）样品灰化。将样品置高温炉中，在 550℃±25℃ 温度下灼烧至无炭粒，即灰化完全。冷却至 200℃ 以下后取出放入干燥器中冷却 30 min，精密称量。重复灼烧至前后两次质量相差不超过 0.5 mg 为恒重。

四、结果计算

计算公式如下：

$$X = \frac{M_1 - M_2}{M_3 - M_2} \times 100$$

式中　X——样品中灰分的含量，g/100 g；

M_1——坩埚和灰分的质量，g；

M_2——坩埚的质量，g；

M_3——坩埚和样品的质量，g。

试样中灰分含量≥10 g/100 g 时，保留三位有效数字；试样中灰分含量＜10 g/100 g 时，保留两位有效数字。

五、精密度

在重复性条件下获得的两次独立测定结果的绝对差值不得超过算术平均值的 5%。

六、测定注意事项

1. 样品炭化时，注意因温度过高而引起的水分急剧蒸发使试样飞溅；防止糖、蛋白质、淀粉等易发泡膨胀的物质溢出坩埚。不经炭化而直接灰化，炭粒易被包住，则灰化不完全。

2. 坩埚从马弗炉中取出时，要在炉口停留片刻，防止因温度剧变而使坩埚破裂。

3. 灼烧后的坩埚应冷却到 200℃ 以下，再移入干燥器中，否则因热的对流作用，易造成残灰飞散，且冷却速度慢，冷却后干燥器内易形成较大真空，盖子不易打开。

4. 当样品没有灰化完全，可加水或试剂加速反应，须冷却坩埚并沿着坩埚壁加水或试剂，不可直接加在残灰上，以防残灰飞扬，造成损失和测定误差。

5. 实验使用过的坩埚经洗刷后，须用盐酸溶液浸泡 10～20 min，再用自来水冲净。

 **技能要求**

小麦粉中灰分的测定

依据 GB/T 5505—2008《粮油检验　灰分测定法》中 550℃灼烧法，测定小麦粉中的灰分。

操作准备

1. 设备和材料

设备和材料见表 2—7。

表 2—7　　　　　　　　　　　设备和材料

设备和材料	规格与要求	数量
分析天平	精确至 0.1 mg	1 台
马弗炉	—	1 台
瓷坩埚	—	2 只
坩埚钳	—	1 只
称量手套	—	1 副
铅笔（用来替代 0.5％三氯化铁溶液和等量蓝墨水的混合液—在瓷坩埚上标记）	—	1 支
角匙	—	1 把
干燥器	内附有效干燥剂	1 只
电热板	—	1 个

2. 样品

小麦粉 500 g，过 100 目筛子。

操作步骤

步骤 1　称取瓷坩埚的质量

在瓷坩埚底部编号，将其放入 550℃±25℃的马弗炉中灼烧 0.5 h，冷却至 200℃以下后，取出放入干燥器中冷却 30 min，精密称量，并重复灼烧至恒重（重复灼烧至前后两次质量相差不超过 0.5 mg 为恒重）。

步骤 2　样品称取

在恒重的坩埚中，准确称量 2～3 g 小麦粉。

步骤 3　样品炭化

样品先放在电热板上以小火加热，待去除水分后，用大火使样品充分炭化至无烟。

步骤 4　样品灰化

将样品置于高温马弗炉中，在 550℃±25℃ 温度下灼烧至无炭粒，即灰化完全。

步骤 5　冷却后称量

冷却至 200℃ 以下后取出放入干燥器中冷却 30 min，准确称量。

步骤 6　恒重称量

重复灼烧至前后两次质量相差不超过 0.5 mg 为恒重。

步骤 7　填写原始记录

选用设备见表 2—8，试验结果记录见表 2—9，表中斜体部分是测定后填写的记录内容。

表 2—8　　　　　　　　　　　　　　　　选用设备

选用设备、设备编号	计量状态
分析天平　编号001	有计量认证，在检定有效期内
马弗炉　编号 009	有计量认证，在检定有效期内

表 2—9　　　　　　　　　　　　　　　　试验结果记录

样品名称	小麦粉	项目名称	灰分	检验依据：GB/T 5505—2008
生产日期	2013/7/10	生产批次		10 A
环境温度/湿度（℃/%）	22/56	取样/检测日期		2013—07—21
平行试验		1		2
坩埚质量 m_1（g）第一次称重		32.134 6		28.223 6
坩埚质量 m_1（g）第二次称重		32.134 4		28.223 4
样品质量＋坩埚质量 m_2（g）		34.322 0		30.322 1
灼烧温度：550℃		灼烧时间：4 h		
坩埚＋样品灰化后的质量 m_3（g）	第一次称重	32.135 9		28.224 8
	第二次称重	32.135 7		28.224 6
灰分计算公式：$X=\dfrac{m_3-m_1}{m_2-m_1}\times100$	计算过程	$X=\dfrac{32.135\ 7-32.134\ 4}{34.322\ 0-32.134\ 4}\times100$		$X=\dfrac{28.224\ 6-28.223\ 4}{30.322\ 1-28.223\ 4}\times100$

续表

灰分含量 X（$g/100\,g$）	0.059 4	0.057 2
灰分含量平均值（$g/100\,g$）	0.058	
标准值（$g/100\,g$）	≤0.2	
单项检验结论	符合	
绝对差值（%）	0.002 2	
绝对差值的要求（%）	≤0.03	

备注：/

检测人：张丽丽　　　　　　　　检测日期：2013－07－22

注意事项

1. 两次称量的值在计算中，取最后一次数值，代入计算公式。

2. 检测过程中，原始记录不能用铅笔填写，不能在草稿纸上记录数值后再誊写；须将数据及时填入原始记录。结果的有效位数、单位和相对差值的要求，须按照国家标准要求。

3. 坩埚从马弗炉中取出时，应冷却到 200℃ 以下；不可直接用手接触，需戴棉纱手套，防止烫伤及数据偏差。

4. 若恒重操作时，前后两次质量差超过 0.5 mg，须进行第 3 次操作，直至前后两次质量差小于 0.5 mg。

单元测试题

一、判断题

1. 测定食品中灰分时，固体和液体的样品都先以小火加热至发黑无烟，再放入马弗炉内炭化。（　　）

2. 测定食品中灰分时，样品炭化完全后，坩埚应立即从 550℃ 的马弗炉中取出，放入干燥器内冷却后称量。（　　）

二、单项选择题

1. 测定食品中灰分，样品炭化至无烟后，放入马弗炉内灼烧至无炭粒的过程称样品的（　　）。

A. 碳化　　　　B. 灰化　　　　C. 炭化　　　　D. 乳化

2. 测定食品中灰分时，应用已经（　　）的坩埚来准确称量样品。

A. 恒温　　　　B. 恒湿　　　　C. 恒重　　　　D. 恒量

三、简答题

1. 请简述食品中灰分测定所用的试剂和仪器。

2. 食品中灰分测定的原理是什么？

四、思考题

食品中灰分测定时的注意事项有哪些？

单元测试题答案

一、判断题

1. ×　　2. ×

二、单项选择题

1. B　　2. C

三、简答题

1. 答：食品中灰分测定所用的试剂和仪器是：1∶4盐酸溶液；0.5％三氯化铁溶液和等量蓝墨水的混合液；分析天平，精度±0.1 mg；马弗炉；坩埚；坩埚钳；干燥器（内附有效干燥剂）；电热板。

2. 答：食品中灰分测定的原理是样品经炭化后，放入马弗炉内高温灼烧，使有机物被氧化分解，以二氧化碳、氮的氧化物及水等形式逸出，而无机物质以硫酸盐、磷酸盐、碳酸盐、氯化物等无机盐和金属氧化物的形式残留下来，这些残留物即为灰分，称量残留物的质量即可计算出样品中的总灰分含量。

第 2 节　容量分析法

容量分析法是根据标准溶液和被测定物质完全作用时所消耗标准溶液的体积来计算被测物质含量的方法。通过滴定管将标准溶液滴入被测溶液的过程称为滴定。滴定时，常在溶液中加入一种指示剂，由它的颜色变化作为等当点到达的标志。指示剂变色的这一点称为滴定终点。容量分析法具有加入标准溶液物质的量与被测物质的量恰好是化学计量关系的特点，适于组分含量在1％以上各种物质的测定。

学习单元 1 食品中氯化钠的测定

 学习目标

了解直接滴定法测定食品中氯化钠的原理。

熟悉利用直接滴定法测定氯化钠的食品适用范围,实验中所需的设备和试剂。

掌握利用直接滴定法测定食品中氯化钠的测定步骤、结果计算方法和结果报告形式。

能够运用直接滴定法测定食品中氯化钠。

 知识要求

食品中氯化钠又称盐分、食盐,是食品中常规的检测项目;在火腿、香肠、罐头食品、肉制品和调味品等各类食品中都添加氯化钠。食品中氯化钠的含量直接影响食品的风味、感官等质量指标。氯化钠易溶于水,将食品溶解后,常用直接滴定法测定氯化钠含量,用已知浓度的标准溶液硝酸银滴定试液中的氯离子,但这种方法不适用于深颜色食品中氯化物的测定。

一、测定原理

样品经处理后,以铬酸钾为指示剂,用硝酸银标准滴定溶液滴定试液中的氯化物,根据硝酸银标准滴定溶液的消耗量,计算食品中氯化钠的含量。

二、试剂及仪器

1. 试剂

(1) 所有试剂均使用分析纯试剂。

(2) 分析用水应符合 GB/T 6682—2008 规定的二级水规格。

(3) 蛋白质沉淀剂。沉淀剂Ⅰ:称取 106 g 亚铁氰化钾溶于水中,转移到 1 000 mL 容量瓶中,用水稀释至刻度。

沉淀剂Ⅱ:称取 220 g 乙酸锌溶于水中,加入 30 mL 冰乙酸转移到 1 000 mL 容量瓶中,用水稀释至刻度。

(4) 80％乙醇溶液。80 mL 95％乙醇与 15 mL 水混匀。

（5）5％铬酸钾溶液。称取 5 g 铬酸钾，溶于 60 mL 水中，定容至 100 mL。

（6）0.100 0 mol/L 硝酸银标准滴定溶液。称取 17 g 硝酸银溶于水中，转移到 1 000 mL 容量瓶中，用水稀释至刻度，摇匀，置于避光处。

（7）0.1％氢氧化钠溶液。称取 1 g 氢氧化钠溶于 1 000 mL 水中。

（8）1％酚酞乙醇溶液。称取 1 g 酚酞溶于 60 mL 95％乙醇中，用水稀释至 100 mL。

2. 仪器

（1）组织捣碎机、粉碎机、研钵。

（2）分析天平，精确至 0.000 1 g。

（3）10 mL 棕色酸式滴定管。

（4）振荡器。

（5）水浴锅。

三、测定步骤

1. 样液前处理

（1）肉禽及水产制品。称取约 20 g 试样，精确至 0.001 g，置于 250 mL 锥形瓶中，加入 100 mL 70℃热水煮沸 15 min，并不断摇动。冷却至室温，依次加入 4 mL 沉淀剂Ⅰ、4 mL 沉淀剂Ⅱ，每次加入沉淀剂后充分摇匀。在室温下静置 30 min。将锥形瓶中的内容物全部转移到 200 mL 容量瓶中，用水稀释至刻度，摇匀。用滤纸过滤，弃去最初滤液。

（2）蛋白质、淀粉含量较高的蔬菜制品，如蘑菇、青豆雪。称取约 10 g 试样，精确至 0.001 g，置于 100 mL 烧杯中。用水将试样转移到 100 mL 容量瓶中。振摇 15 min，稀释至刻度，摇匀，用滤纸过滤，弃去最初滤液。

（3）一般蔬菜制品。称取约 20 g 试样，精确至 0.001 g，置于 250 mL 锥形瓶中加入，100 mL 70℃热水振摇 15 min。将锥形瓶中的内容物转入 200 mL 容量瓶中用水稀释至刻度，摇匀。用滤纸过滤弃去最初滤液。

（4）腌制品。称取约 10 g 试样，精确至 0.001 g，置于 250 mL 锥形瓶中，加入 100 mL 70℃热水，振摇 15 min。将锥形瓶中的内容物转入 200 mL 容量瓶中用水稀释至刻度，摇匀。用滤纸过滤，弃去最初滤液。

（5）调味品。称取约 5 g 试样，精确至 0.001 g，置于 100 mL 烧杯中。加入适量水，搅拌均匀。将烧杯中的内容物转入 200 mL 容量瓶中，用水稀释至刻度，摇匀。用滤纸过滤，弃去最初滤液。

（6）淀粉制品。称取约 5 g 试样，精确至 0.001 g，置于瓷坩埚内，在可控温电炉上炭化完全，在 550℃的马弗炉内灰化完全；少量多次加入水溶解样品，完全转移入 100 mL

容量瓶中，用水稀释至刻度，摇匀。用滤纸过滤，弃去最初滤液。

2. 调节样液 pH 值

（1）pH 值在 6.5～10.5 的试液。取含 25～50 mg 氯化钠的试液，置于 250 mL 锥形瓶中，加 50 mL 水。

（2）pH 值小于 6.5 的试液。取含有 25～50 mg 氯化钠的试液，置于 250 mL 锥形瓶中，加 50 mL 水及 0.2 mL 1%酚酞乙醇溶液，用 0.1%氢氧化钠溶液滴定至微红色。

3. 硝酸银标准溶液的滴定

样液中加 1 mL 5%铬酸钾溶液（指示剂），摇动时，用硝酸银标准滴定溶液滴定至红黄色，保持 0.5 min 不褪色；记录 0.1 mol/L 硝酸银标准滴定溶液消耗的体积数值。

空白试验：用 50 mL 水代替试液，加 1 mL 5%铬酸钾溶液，振荡时，用硝酸银标准滴定溶液滴定至红黄色，保持 0.5 min 不褪色。记录 0.1 mol/L 硝酸银标准滴定溶液消耗的体积数值。

 相关链接

标定 0.100 0 mol/L 硝酸银标准溶液：称取 0.050 0～0.100 0 g 基准试剂氯化钠（经 500～600℃灼烧至恒重）于 250 mL 锥形瓶中，用约 70 mL 水溶解，加入 1 mL 5%的铬酸钾溶液，剧烈摇动时，用硝酸银标准滴定溶液滴定至红黄色并保持 0.5 min 不褪色。记录硝酸银标准滴定溶液消耗的体积数值。

四、结果计算

食品中氯化钠的含量以质量分数 X 计数值，以 g/100 g 表示。

$$X = \frac{0.058\,44 \times c_1 \times (V_1 - V_0) \times K_1 \times 100}{m}$$

式中　c_1——硝酸银标准溶液的浓度，mol/L；

　　　V_0——空白样液消耗硝酸银标准溶液的体积，mL；

　　　V_1——样品溶液消耗硝酸银标准溶液的体积，mL；

　　　K_1——样品的稀释倍数；

　　　m——样品质量，g。

　　　$0.058\,44$——与 1.00 mL 硝酸银标准滴定溶液 [$c(\mathrm{AgNO_3}) = 1.000$ mol/L] 相当的氯化钠的质量数值，g。

五、精密度

同一试样，两次平行测定结果之差，每 100 g 样品的测试结果之差不超过 0.2 g。

六、测定注意事项

1. 样品前处理中，要称取均匀样品，完全溶解样品中的氯化钠。
2. 在滴定前，要控制样品溶液的 pH 值。
3. 若样液颜色深，可减少取样量或增加样品的稀释倍数。
4. 滴定终点的颜色，要求样品溶液与空白试验的终点颜色一致。

 技能要求

酱油中食盐的测定

依据 GB/T 5009.39—2003《酱油卫生标准的分析方法》，测定酱油中食盐含量。

操作准备

1. 设备和材料

设备和材料见表 2—10。

表 2—10　　　　　　　　　　　　　　设备和材料

设备和材料	规格与要求	数量
量筒	100 mL	1
锥形瓶	250 mL	3
移液管	2 mL、5 mL	各 2 根
棕色滴定管	10 mL	1 根
滴定管架	包括铁架台和蝴蝶夹	1 套
容量瓶	100 mL	2 只
洗耳球	—	1 只
5％铬酸钾溶液	—	50 mL
0.1 mol/L 硝酸银标准滴定溶液	—	200 mL
蒸馏水	—	1 000 mL

2. 样品

鲜酱油 100 g。

操作步骤

步骤 1　取样测定

吸取 5.0 mL 均匀试样置于 100 mL 容量瓶中，加水至刻度，摇匀后吸取 2.0 mL 试样稀释液，于 250 mL 的锥形瓶中，加入 100 mL 水及 1 mL 5％铬酸钾指示剂，混匀，用

0.100 mol/L 的硝酸银标准滴定溶液滴定至溶液颜色初显红黄色。

步骤 2　空白样品

同时取 100 mL 水，做空白试验。

步骤 3　填写原始记录

选用设备见表 2—11，试验结果记录见表 2—12，表中斜体部分是测定后填写的记录内容。

表 2—11　　　　　　　　　　　选用设备

选用设备、设备编号	计量状态
酸式滴定管　编号 *012*	有计量标示，在检定有效期内
移液管　编号 *022*	有计量标示，在检定有效期内

表 2—12　　　　　　　　　　　试验结果记录

项目名称	食盐	取样/检测日期	*2013－07－18*
样品名称	酱油	检验依据	*GB/T 5009.39—2003（4.3）*
生产日期	*2013/07/03*	生产批次	*0083B*
仪器名称	/	仪器编号	/
标准溶液名称	硝酸银标准溶液	标准溶液浓度 $c=$（mol/L）	*0.100 2*
环境温度/湿度（℃/%）	*20/53*	检测地点	理化室
平行试验	1	2	空白(0)
取样量 m（mL）	*5.00*	*5.00*	
滴定管初读数 V_0（mL）	*0.00*	*0.00*	*0.00*
滴定管终读数 V（mL）	*4.20*	*4.22*	*0.00*
标液消耗量 V_1（mL）	*4.20*	*4.22*	空白标液消耗 $V_2=0.00$ mL
样品测定值 X（g/100 mL）	*24.6*	*24.7*	

计算公式：$X=\dfrac{(V_1-V_2)\times C\times 0.058\ 5}{5\times 2/100}\times 100$	计算过程	$X1=\dfrac{(4.20-0.00)\times 0.100\ 2\times 0.058\ 5}{5\times 2/100}\times 100$ $X2=\dfrac{(4.22-0.00)\times 0.100\ 2\times 0.058\ 5}{5\times 2/100}\times 100$
平均值（g/100 mL）		*24.6*
标准值（g/100 mL）		≥15
单项检验结论		符合

续表

相对相差（％）	0.41
相对相差的要求（％）	≤10
备注	/

检测人：张丽丽　　　　　　　　　　检测日期：2013－07－21

注意事项

1. 滴定终点时，样品溶液平行试验须与空白试验的终点颜色一致。

2. 滴定管用硝酸银标准溶液润洗后，固定于蝴蝶夹上，每次滴定从0刻度开始；左手控制滴定管活塞，右手振摇锥形瓶，滴定至终点记录滴定毫升数，滴定读数时须将滴定管从蝴蝶夹上取下，手拿刻度线以上，视线、刻度、液面的凹面最低点在同一水平线上。

3. 检测过程中，原始记录不能用铅笔填写，不能在草稿纸上记录数值后再誊写；须将数据及时填入原始记录。结果的有效位数、单位和相对相差要求，须按照国家标准要求。

单元测试题

一、判断题

1. 测定腌腊肉制品的食盐含量时，试样中食盐可以采用炭化浸出法或灰化浸出法。
（　　）

2. 测定食品中氯化钠含量时，用硝酸银标准溶液滴定试样中氯离子的沉淀滴定法，适用于各类食品。（　　）

二、单项选择题

1. 测定食醋中氯化钠含量时，以（　　）为指示剂，用硝酸银标准溶液滴定试样中的氯离子。

A. 铬酸钾　　　　　B. 重铬酸钾　　　　　C. 酚酞　　　　　　D. 次甲基蓝

2. 食品的氯化钠测定中，用硝酸银标准溶液滴定试样中的氯化钠，当样品溶液pH值为6.5～10.5时，操作步骤应为（　　）。

A. 加酚酞用稀盐酸调节pH值　　　　B. 加酚酞用稀碱调节pH值

C. 加入铬酸钾直接滴定　　　　　　D. 静止分层

三、简答题

1. 食品中氯化钠的测定原理是什么？

2. 食品中氯化钠的测定注意事项是什么?

四、思考题

酱油中食盐的测定步骤有哪些?

单元测试题答案

一、判断题

1. √   2. ×

二、单项选择题

1. A   2. C

三、简答题

1. 答：食品中氯化钠的测定原理是：样品经处理后，以铬酸钾为指示剂，用硝酸银标准滴定溶液滴定试液中的氯化钠，根据硝酸银标准滴定溶液的消耗量，计算食品中氯化钠的含量。

2. 答：食品中氯化钠的测定注意事项如下：

(1) 样液前处理中，要称取均匀样品，完全溶解样品中的氯化钠。

(2) 在滴定前，要控制样品溶液的 pH 值。

(3) 样液颜色深，要减少取样量或增加样品的稀释倍数。

(4) 滴定终点的颜色，要求样液与空白溶液的颜色一致。

学习单元 2 　食品中酸度的测定

学习目标

了解直接滴定法测定食品中总酸的原理。

熟悉利用直接滴定法测定总酸的食品适用范围，实验中所需的设备和试剂。

掌握利用直接滴定法测定食品中总酸的测定步骤、结果计算方法和结果报告形式。

能够运用直接滴定法测定食品中总酸。

知识要求

食品中的酸，作为酸味成分，在食品的加工、储运和品质管理中有着重要的意义。食品中的有机酸（柠檬酸、苹果酸、酒石酸等）不仅影响着食品的色、香、味及稳定性，而且其种类和含量是判断食品质量的重要指标。

一、测定原理

直接滴定法测定食品中总酸是根据酸碱中和原理，用碱液滴定试液中的酸。以酚酞为指示剂确定滴定终点，并按碱液的消耗量计算食品中的总酸含量。

二、试剂及仪器

1. 试剂

（1）0.100 0 mol/L NaOH 标准溶液。称取 110 g NaOH 于 250 mL 烧杯中，加入 100 mL 蒸馏水振摇使其溶解，冷却后倒入聚乙烯塑料瓶中静置数日，澄清后备用。量取上清液 5.4 mL，加入无二氧化碳的蒸馏水稀释至 1 000 mL，摇匀。

（2）1％酚酞乙醇溶液。称取酚酞 1 g 溶于 60 mL 95％乙醇中，用水稀释至 100 mL。

 相关链接

0.100 0 mol/L NaOH 标准溶液标定：准确称取 0.600 0 g 在 105～110℃干燥至恒重的基准邻苯二甲酸氢钾，加入 50 mL 无二氧化碳的蒸馏水，振摇使其溶解，加 2 滴酚酞指示剂，用配制的 NaOH 标准溶液滴定至溶液微红色保持 30 s 不褪色，同时做空白试验。

2. 仪器

（1）碱式滴定管。

（2）水浴锅。

三、测定步骤

1. 样液的制备

（1）液体试样。不含二氧化碳的试样混合均匀后直接取样。含二氧化碳的试样，如饮料、酒等，将试样置于 40℃水浴锅上加热 30 min，以除去二氧化碳，冷却后备用。

（2）固体样品。去除不可食部分，取有代表性的样品至少 200 g，置于研钵或组织捣碎机中，加入与试样等量的水，研碎或捣碎，混匀。

面包应取其中心部分，充分混匀，直接供制备试液使用。

（3）固液体样品。按样品的固、液体比例至少取 200 g，去除不可食部分，用研钵或组织捣碎机研碎或捣碎，混匀。

2. 样品前处理

取 25～50 g 试样于 100 mL 烧杯中，精确至 0.001 g，加入无二氧化碳蒸馏水，少量多次将样品完全转移入 250 mL 容量瓶中，用无二氧化碳蒸馏水稀释至刻度，至少放置 30 min（摇动 2～3 次）。用滤纸过滤，收集滤液于 250 mL 锥形瓶中，备用。

总酸度低于 0.07 g/100 g 的液体样品，混匀后可直接取样测定。

3. 样品测定

取 25.00～50.00 mL 试样滤液，使之含 0.035～0.070 g 酸，置于 150 mL 烧杯中。加 40～60 mL 无二氧化碳蒸馏水及 0.2 mL 1‰酚酞指示剂，用 0.100 0 mol/L 氢氧化钠标准滴定溶液（如样品酸度较低，可用 0.010 00 mol/L 或 0.050 00 mol/L 氢氧化钠标准滴定溶液）滴定至微红色 30 s 不褪色。记录消耗 0.100 0 mol/L 氢氧化钠标准滴定溶液的体积。

同一被测样品平行测定两次。

4. 空白试验

用无二氧化碳蒸馏水代替试液。记录消耗 0.100 0 mol/L 氢氧化钠标准滴定溶液的体积。

四、结果计算

计算公式：

$$X = \frac{F \times C_1 \times (V_1 - V_0) \times K_1 \times 100}{m}$$

式中　X——总酸，g/100 g（mL）；

　　　C_1——氢氧化钠标准溶液的浓度，mol/L；

　　　V_0——空白样液消耗氢氧化钠标准溶液的体积，mL；

　　　V_1——样品溶液消耗氢氧化钠标准溶液的体积，mL；

　　　K_1——样品的稀释倍数；

　　　F——换算系数，1 mmol 氢氧化钠相当于主要酸的克数，如用酒石酸表示，$F=$ 0.075；用柠檬酸表示，$F=0.064$ 或 0.070（一分子水）；用苹果酸表示，$F=0.067$；用乳酸表示，$F=0.090$；用乙酸表示，$F=0.060$ 等；

　　　m——样品质量，g（mL）。

五、精密度

两个平行样品的测定值相差不得大于平均值的 10％。

六、测定注意事项

1. 本方法适用于各类浅色的食品中总酸含量的测定；如样液本色深或混浊可改用 pH 计显示终点 pH＝8.2。

2. 无二氧化碳水的制备是在使用前将蒸馏水煮沸 15 min，并迅速冷却备用。样品中的二氧化碳也要去除，因为二氧化碳溶于水中生成碳酸，会影响滴定终点时酚酞颜色变化。

3. 注意样品的取样量，根据样品中总酸含量而定；一般要求滴定所消耗的一定浓度 NaOH 标准溶液不少于 5 mL，最好在 10～15 mL。

4. 各类食品中所含有和添加的有机酸不同，如柠檬酸、苹果酸、酒石酸等，注意计算公式中应带入不同系数。

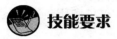 **技能要求**

面包中的酸度测定

依据 GB/T 20981—2007《面包》中 6.4 酸度的测定。

操作准备

1. 设备和材料

设备和材料见表 2—13。

表 2—13　　　　　　　　　　设备和材料

设备和材料	规格与要求	数量
量筒	100 mL	1 个
电子天平	0.1 mg	1 台
烧杯	100 mL	3 只
角匙	—	1 把
玻璃棒	—	2 根
漏斗	直径 11 cm	2 个
滤纸	直径 18 cm	2 张
锥形瓶	250 mL	5 个

设备和材料	规格与要求	数量
单标移液管	25 mL	2根
碱式滴定管	10 mL	1根
滴定管架	包括铁架台和蝴蝶夹	1套
容量瓶	250 mL	2只
洗耳球	—	1只
NaOH 标准溶液	0.100 0 mol/L	100 mL
1%酚酞乙醇溶液	—	50 mL
无二氧化碳蒸馏水	—	1 000 mL

2. 样品

面包心样品 500 g。

操作步骤

步骤 1　取样测定

称取面包心 25 g，加入无二氧化碳蒸馏水 60 mL，转移入 250 mL 容量瓶中，定容，摇匀。静置 20 min，不时摇动，滤纸过滤。

步骤 2　加入指示剂，滴定操作

取 25 mL 滤液置于 200 mL 锥形瓶中，加入无二氧化碳蒸馏水 50 mL，加入 2 滴酚酞指示剂，用 0.100 0 mol/L 氢氧化钠标准溶液滴定至微红色 30 s 不褪色，记录氢氧化钠溶液消耗体积数。

步骤 3　空白试验

取 50 mL 无二氧化碳蒸馏水，做空白试验。

步骤 4　填写原始记录

选用设备见表 2—14，试验结果记录见表 2—15，表中斜体部分是测定后填写的记录内容。

表 2—14　　　　　　　　　　　　　选用设备

选用设备、设备编号	计量状态
电子天平　002	有计量标示，在检定有效期内
碱式滴定管　007	有计量标示，在检定有效期内
移液管 25 mL　001	有计量标示，在检定有效期内
容量瓶 250 mL　005	有计量标示，在检定有效期内

表 2—15　　　　　　　　　　　　　　试验结果记录

项目名称	总酸	取样/检测日期	2013－07－18
样品名称	面包	检验依据	GB/T 20981—2007（6.4）
仪器名称	电子天平	仪器编号	002
标准溶液名称	氢氧化钠	标准溶液浓度 $c=$（mol/L）	0.100 5
环境温度/湿度（℃/%）	20/52	检测地点	理化室
生产日期	2013/07/17	生产班次	02A
平行试验	1	2	空白（0）
取样量 m（g）	25.176 8	25.098 7	
滴定管初读数 V_0（mL）	0.00	0.00	0.00
滴定管终读数 V（mL）	0.20	0.20	0.05
标液消耗量 V_1（mL）	0.20	0.20	空白标液消耗量
样品测定值 X（°T）	5.99	6.01	$V_2=0.05$ mL

计算公式：$X=\dfrac{c\times(V_1-V_2)}{m}\times1\,000$	计算过程	$X_1=\dfrac{(0.20-0.05)\times0.100\,5}{25.176\,8\times25/250}\times1\,000$ $X_2=\dfrac{(0.20-0.05)\times0.100\,5}{25.098\,7\times25/250}\times1\,000$

平均值（°T）	6
标准值（°T）	≤6
单项检验结论	符合
绝对差值（°T）	0.01
绝对差值要求（°T）	≤0.02
备注	/

检测人：张丽丽　　　　　　　　　　检测日期：2013－07－18

注意事项

1. 样品平行试验须与空白试验的反应终点颜色一致。

2. 滴定管用氢氧化钠标准溶液润洗后，固定于蝴蝶夹上，每次滴定从 0 刻度开始；左手控制滴定管活塞，右手振摇锥形瓶，滴定至终点记录滴定体积，滴定读数时须将滴定管从蝴蝶夹上取下，手拿刻度线以上，眼睛与溶液凹液面、刻度线平行。

3. 无二氧化碳的水的制备是在使用前将蒸馏水煮沸 15 min，并迅速冷却备用。

4. 检测过程中，原始记录不能用铅笔填写，不能在草稿纸上记录数值后再誊写，须将数据及时填入原始记录。结果的有效位数、单位和绝对差值的要求，须按照国家标准要求。

单元测试题

一、判断题

1. 测定食品中总酸时，NaOH 标准溶液在检测工作中如样品酸度较低，可选用 0.010 00 mol/L 或 0.050 00 mol/L NaOH 标准溶液。（　　）

2. 1％淀粉可以作为酸碱滴定的指示剂，必须现配现用。（　　）

二、单项选择题

1. 测定食品中总酸时，样品滤液中加入酚酞指示剂，用氢氧化钠标准溶液滴定至微红色（　　），记录数值。

A. 300 s 不褪色　　　　　　　　　　B. 即可

C. 30 s 不褪色　　　　　　　　　　　D. 时间由试验人员掌握

2. 配制 1％酚酞指示剂的正确操作是将 1 g 酚酞溶于 60 mL（　　）中，用水稀释至 100 mL。

A. 蒸馏水　　　　　B. 丙酮　　　　　C. 95％乙醇　　　　　D. 甲醇

三、简答题

1. 简述用于食品中酸度测定的试剂。

2. 如何计算食品中酸度测定的结果？

四、思考题

如何测定面包中的酸度？

单元测试题答案

一、判断题

1. √　　　2. ×

二、单项选择题

1. C　　　2. C

三、简答题

1. 答：酸度测定的试剂有 0.100 0 mol/L NaOH 标准溶液和 1％酚酞乙醇溶液。

2. 答：食品中酸度测定的计算公式为：$X = F \times C_1 \times (V_1 - V_0) \times K_1 \times 100/m$。

第 3 节 　电 化 学 分 析 法

电化学分析是利用物质在化学能与电能转换的过程中，化学组成与电物理量（电压、电流、电量或电导等）之间的定量关系来确定物质的组成和含量。在食品检验中，常采用电化学分析法进行食品中 pH 值、总酸和电导率的测定。

 学习单元 1　pH 值的测定

 学习目标

熟悉 pH 计的使用、食品 pH 值的测定步骤、结果计算方法和结果报告方式。

能够进行食品中 pH 值的测定。

 知识要求

在食品酸度测定中，有效酸度（pH 值）的测定常比测定总酸度更具有实际意义。pH 值是溶液中 H^+ 活度（近似为浓度）的负对数，其大小说明了食品的酸碱性。本节主要介绍水的 pH 值测定。

一、试剂及仪器

1. 试剂

pH＝4.01 标准缓冲溶液（25℃）：准确称取经（105±5）℃烘干 2～3 h 的优级纯邻苯二甲酸氢钾 10.21 g，溶于不含二氧化碳的水中，稀释至 1 L，摇匀。

pH＝6.86 标准缓冲溶液（25℃）：准确称取经（105±5）℃烘干 2～3 h 的磷酸二氢钾 3.40 g 和无水磷酸氢二钠 3.55 g，溶于不含二氧化碳的水中，稀释至 1 L，摇匀。

pH＝9.18 标准缓冲溶液（25℃）：准确称取四硼酸钠 3.81 g，溶于不含二氧化碳的水中，稀释至 1 L，摇匀。

2. 仪器

（1）pHS—3C 酸度计，如图 2—1 所示。

（2）231 型玻璃电极及 232 型甘汞电极。

（3）电磁搅拌器（带磁性搅拌棒）。

二、操作步骤

1. 水样的处理

摇匀后可直接取样测定。

2. 仪器校正

（1）开机。按下电源开关，电源接通
后，预热 30 min。连接玻璃电极和甘汞电
极，在读数开关放开的情况下调零。

图 2—1　pHS—3C 酸度计

（2）选择测量挡。仪器选择开关置"pH"挡，将仪器斜率调节器调节在 100% 位置。

（3）选择缓冲溶液。选择两种缓冲溶液（即被测溶液的 pH 值在该两种溶液之间或接
近，如 pH=4.01 和 pH=6.86）。

（4）定位。把电极放入第一缓冲溶液（如 pH=6.86），调节温度调节器，使所指示的
温度与溶液相同。待读数稳定后，该读数应为缓冲溶液的 pH 值，否则要调节定位调节
器。把电极放入第二种缓冲溶液（如 pH=4.01），摇动烧杯使溶液均匀。待读数稳定后，
该读数应为第二种缓冲溶液的 pH 值，否则要调节定位调节器。

（5）待测。用无二氧化碳的蒸馏水清洗电极，并吸干电极球泡表面的余水，即可用来
测量被测水样。

3. 水样的测定

（1）准备。用无二氧化碳的蒸馏水淋洗电极，并用滤纸吸干表面的余水，再用待测水
样冲洗两电极 6～8 次。

（2）测定。根据样液温度来调节 pH 计上温度补偿旋钮，将两电极插入待测水样中，
按下读数开关，稳定 1 min 后，pH 计所指示的值即为水样的 pH 值，从仪器上读出数值
并记录。

（3）清洗。用蒸馏水清洗电极。

4. 精密度

进行平行试验，两次测得结果的最大偏差不得超过 0.1。

三、使用 pH 计的注意事项

1. pH 计经标准 pH 缓冲溶液校正后，其调零及定位旋钮不可再动。

2. 为了尽量减小测定误差，应选用 pH 值与待测样液 pH 值相近的标准缓冲溶液来校正仪器。

3. 新电极或很久未用的电极，使用前应在蒸馏水中浸泡 24 h 以上；玻璃电极不用时，宜浸没在蒸馏水中。

4. 玻璃电极的玻璃球膜壁薄且易碎，使用时应特别小心。插入两电极时，玻璃电极应比甘汞电极稍高些。若玻璃球膜上有油污，应将玻璃电极依次浸入乙醇、乙醚、乙醇溶液中清洗，最后再用蒸馏水冲洗干净。

5. 甘汞电极中的氯化钾为饱和溶液，为避免因室温升高变为不饱和溶液，应加入少量氯化钾晶体。

6. 测定时，甘汞电极上橡胶塞应拔出，并使甘汞电极内的氯化钾溶液的液面高于被测样液的液面，使陶瓷砂芯处保持足够的液位压差。否则样液会回流扩散到甘汞电极中，将使测定结果不准确。

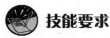 **技能要求**

瓶装饮用纯净水中 pH 值测定

依据 GB/T 5750.4—2006《生活饮用水标准检验方法感官性状和物理指标》中第五项 pH 值的测定方法。

操作准备

1. 设备和材料

设备和材料见表 2—16。

表 2—16　　　　　　　　　　设备和材料

设备和材料	规格与要求	数量
量筒	100 mL	1 个
pHS—3C 酸度计	—	1 台
烧杯	100 mL	3 只
231 型玻璃电极及 232 型甘汞电极	—	1 套
漏斗	直径 11 cm	1 个
定性滤纸	直径 18 cm	2 张

续表

设备和材料	规格与要求	数量
锥形瓶	250 mL	1个
洗瓶	500 mL	1个
pH＝4.01 标准缓冲溶液 pH＝6.86 标准缓冲溶液 pH＝9.18 标准缓冲溶液	—	各 100 mL

2. 样品

瓶装纯水 500 mL。

操作步骤

步骤1　取液准备

用水样润洗烧杯 2～3 次后，至少倒入 60 mL 水样，待测。

步骤2　pH 计校正

用已知精确 pH 值的缓冲溶液（尽可能接近待测水样的 pH 值，在 25℃±2℃ 的温度条件下，校正 pH 计）。

步骤3　测定

按照 pH 计的使用步骤操作，待读数稳定后，从仪器上读出 pH 值，精确至 0.05。同一试样至少测定两次，同一人操作，两次测定之差不超过 0.1 单位。

步骤4　填写原始记录

原始记录见表 2—17，表中斜体部分是测定后填写的记录内容。

表 2—17　　　　　　　　　原始记录

样品名称	瓶装饮用纯净水			生产日期/批次	*2013/09/18* *B02*
项目名称	*pH*	检验日期	*2013－09－28*	环境状况	*温度25℃* *湿度52%*
检验依据	*GB/T 5750.4—2006（5）*			标准溶液及 有效期	*pH：4.01* *pH：6.86 有效期至2013/10/18*
仪器型号、编号	*pHS－3C 酸度计001 有效期至2013/12/20*				
样品状态	液体				
仪器状态	使用 ☑正常 □不正常　使用后 ☑正常 □不正常				
样品前处理	*水样放置在25℃检测环境中30 min 后，直接测定*				

1# pH 值：6.59			2# pH 值：6.60
平均值：6.6			
标准值 5.0～7.0	结论 符合	要求允差：≤0.1	样品允差：0.02
检验人员：张丽丽		检验日期：2013－09－28	

注意事项

测定环境及缓冲溶液温度均应控制在 25℃±2℃的温度条件下。

单元测试题答案

一、判断题

1. 食品 pH 值测定中，需要使用温度调节器对缓冲溶液及样液进行温度调节。（　　）

2. pH 计的使用中，玻璃电极不用时，应浸没在氯化钾饱和溶液中。（　　）

二、单项选择题

1. 测定新鲜猪肉样品的 pH 值，pH 试纸显示约为 6，应该选择（　　）的缓冲溶液进行 pH 计的仪器校正。

A. pH 值为 1.68 和 4.01　　　　　B. pH 值为 4.01 和 6.86

C. pH 值为 6.86 和 9.18　　　　　D. pH 值为 1.68 和 9.18

2. 测定食品 pH 值，当 pH 计接通电源后，预热（　　）就可测定。

A. 5～10 min　　　B. 至少 30 h　　　C. 至少 24 h　　　D. 30 min

三、简答题

1. 简述用于 pH 值测定的试剂。

2. 简述使用 pH 计的注意事项。

四、思考题

pH 值测定的注意事项是什么？

单元测试题答案

一、判断题

1. √　　2. ×

二、单项选择题

1. B　　2. D

三、简答题

1. 答：用于 pH 值测定的试剂是 pH＝4.01 标准缓冲溶液，pH＝6.86 标准缓冲溶液，pH＝9.18 标准缓冲溶液。

2. 答：使用 pH 计的注意事项：

（1）pH 计经标准 pH 缓冲溶液校正后，其调零及定位旋钮不可再动。

（2）为了尽量减小测定误差，应选用 pH 值与待测样液 pH 值相近的标准缓冲溶液来校正仪器。

（3）新电极或很久未用的电极，使用前应在蒸馏水中浸泡 24 h 以上；玻璃电极不用时，宜浸没在蒸馏水中。

（4）玻璃电极的玻璃球膜壁薄且易碎，使用时应特别小心。插入两电极时，玻璃电极应比甘汞电极稍高些。若玻璃球膜上有油污，应将玻璃电极依次浸入乙醇、乙醚、乙醇溶液中清洗，最后再用蒸馏水冲洗干净。

（5）甘汞电极中的氯化钾为饱和溶液，为避免因室温升高变为不饱和溶液，应加入少量氯化钾晶体。

（6）测定时，甘汞电极上橡胶塞应拔出，并使甘汞电极内的氯化钾溶液的液面高于被测样液的液面，使陶瓷砂芯处保持足够的液位压差。否则样液会回流扩散到甘汞电极中，导致测定结果不准确。

 学习单元 2　电导率的测定

 学习目标

熟悉电导率仪的使用、电导率的测定步骤、结果计算方法和结果报告方式。
能够进行电导率的测定。

 知识要求

电导率用数字来表示水溶液传导电流的能力，它与水中矿物质有密切的关系。水中多数无机盐以离子状态存在，具有良好的导电作用，所以电导率可用于监测生活饮用水及其水源中溶解性矿物质浓度的变化和估计水中离子化合物的数量。但是有机物是不离解或离解极其微弱的，即使导电也很微弱，因此用电导率是不能反映这类污染因素的。

一、试剂及仪器

1. 试剂

氯化钾标准溶液（$c=0.01$ mol/L）：称取0.745 6 g 在 110℃烘干后的优级纯氯化钾，溶于去离子水中（电导率小于 1 μS/cm），于 25℃时在容量瓶中稀释至 1 000 mL，此溶液 25℃时的电导率为 1 413 μS/cm，溶液应储存在塑料瓶中。

2. 仪器

电导率仪（DDS—11A）如图 2—2 所示。

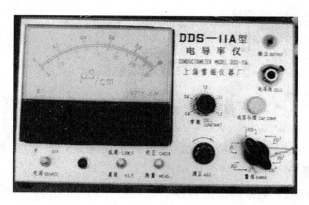

图 2—2　DDS—11A 型电导率仪

二、测定步骤

1. 样品处理

将样品倒入 50 mL 干净的烧杯中，润洗烧杯后，待测。

2. 仪器校正

（1）开机前准备。未开电源前，观察表针是否指零，如不指零，可调节表头螺钉，使指针指零。将"校正、测量"开关 K2 扳在"校正"挡。

（2）开机。插接电源线，打开电源开关，并预热数分钟（待指针完全稳定为止）调节"调正"器使电表满刻度指示。

（3）选择量程。当使用①～⑧量程来测量电导率低于 300 μS/cm 的液体时，选用"低周"挡，这时将 K3 扳向"低周"挡即可；当使用⑨～⑫量程来测量电导率 300～10^5 μS/cm 范围内的液体时，选用"高周"挡，这时将 K3 扳向"高周"挡即可。将量程选择开关 K1 扳到所需要的测量范围，如预先不知被测液电导率的大小，应先把其扳到最大电导率测量挡，然后逐挡下降。

（4）校正。将电极插头插入电极插孔内，旋紧固定螺钉，再将电极浸入待测溶液中，接着校正（当用①～⑧量程来测量时，将 K3 扳向"低周"挡；当使用⑨～⑫量程来测量时，将 K3 扳向"高周"挡），即将 K2 扳在"校正"挡，调节 Rw3 使指示满刻度。

（5）测量。将 K2 扳在"测量"挡，这时指示数乘以量程开关 K1 的倍率即为被测液的电导率。

3. 样品测定

将电极插入待测溶液中，待仪器稳定后，读出指针的指示值。

4. 计算

计算公式如下:

$$K = C \times F$$

式中　K——样液的电导率，$\mu S/cm$；

　　　　C——指针的指示值；

　　　　F——量程开关 K1 的倍率。

5. 精密度

两次测得结果的最大偏差不得超过 0.02。

三、电导率仪的测定注意事项

1. 电导率仪电极的引线不能潮湿，工作完毕后应将电极和引线放回装有干燥剂的盒中，如受潮则将引起数据的偏差。

2. 高纯水被盛入容器后应迅速测量，否则电导率降低很快，因为空气中二氧化碳会溶于水中，变成碳酸根离子。

3. 盛被测液的容器必须清洁，无离子沾污。容器应用硬质玻璃或硬质塑料制成。

4. 分析用的蒸馏水电导率应小于 $10^{-3}\ \mu S/cm$。

 技能要求

纯水中电导率的测定

依据 GB 17323—1998《瓶装饮用纯净水》中附录 A 的测定方法测定。

操作准备

1. 设备和材料

设备和材料见表 2—18。

表 2—18　　　　　　　　　　　　　　设备和材料

设备和材料	规格与要求	数量
量筒	100 mL	1 个
电导仪：DDS—11A	—	1 台
烧杯	100 mL	1 只
洗瓶	500 mL	1 个

2. 样品

纯水 500 mL。

操作步骤

步骤 1　取液准备

将样品倒入清洗干净并已干燥的 100 mL 烧杯中，润洗 3 次后，取样约 80 mL。

步骤 2　电导率仪的校正和测定

按仪器使用说明，选择合适的电极和测量条件，调校好电极；用待测样品润洗电极 3 次后，插入待测的样品烧杯中。选择适当量程，待读数稳定后，读出表上的数值，填写原始记录。

步骤 3　填写原始记录

原始记录见表 2—19，表中斜体部分是测定后填写的记录内容。

表 2—19　　　　　　　　　　　原始记录

样品名称	纯净水	生产日期/批次	2012/09/18 31B
项目名称	电导率	环境状况	温度25℃ 湿度55%
检验依据	GB 17323—1998 附录A	标准溶液编号	/

仪器型号、编号　电导率仪DDS—11A 仪器编号— 201　有效期至 2013/08/13

样品状态　*液体*

仪器状态　使用前　☑正常　□不正常　使用后　☑正常　□不正常

1♯取样量：*50* mL	仪器读数：*9.0 μS/cm*
2♯取样量：*50* mL	仪器读数：*9.2 μS/cm*

计算：*K＝C×F*

1♯＝9.0×1.0＝9.0 μS/cm

2♯＝9.2×1.0＝9.2 μS/cm

电导率＝*9.1 μS/cm*

报出值：*9.1 μS/cm*

标准值：≤10 μS/cm	结论：*符合*

检测人：*张丽丽*　　　　　　　　　　　检测日期：*2012/09/18*

注意事项

1. 测定环境和待测溶液温度均应控制在 25℃ 的温度条件下。

2. 盛放样液的烧杯须洁净，并用待测样品润洗至少 3 次。

3. 检测过程中，原始记录不能用铅笔填写，不能在草稿纸上记录数值后再誊写，须将数据及时填入原始记录。结果的有效位数、单位和相对相差要求，须按照国家标准要求。

单元测试题

一、判断题

1. 电导率仪使用后，仪器、电极和电极的引线都需要干燥保存。（ 　）

2. 电导率仪使用时，工作电极插头插入电极插孔，无须固定，即可读数测定样品。（ 　）

二、单项选择题

1. 关于样液的电导率测定，下列描述正确的是（ 　）。

A. 容器必须清洁干净，无离子污染　　　　B. 容器应用硬质玻璃或塑料制成

C. 测定前用样液润洗容器　　　　　　　　D. 以上都正确

2. 关于电导率仪的使用方法，下列描述正确的是（ 　）。

A. 打开电源开关前，先调整表针指向满刻度

B. 无须选量程，直接把开关扳到测量的位置，读数即可

C. 当量程旋钮在红色挡上时，应读红色的刻度，当量程旋钮在黑色挡上时，应读黑色的刻度

D. 当预先不知被测液电导率的大小时，先选测量最小挡，从小到大调试

三、简答题

1. 简述纯水中电导率测定时使用的试剂和仪器。

2. 简述电导率仪的测定注意事项。

四、思考题

简述纯水中电导率的测定步骤。

单元测试题答案

一、判断题

1. √　　2. ×

二、单项选择题

1. D　　2. C

三、简答题

1. 答：纯水中电导率测定使用的试剂。氯化钾标准溶液 [c（KCL）＝0.01 mol/L]：称取 0.745 6 g 在 110℃烘干后的优级纯氯化钾，溶于去离子水中（电导率小于 1 μS/cm），

于 25℃时在容量瓶中稀释至 1 000 mL，此溶液 25℃时的电导率为 1 413 μS/cm，溶液应储存在塑料瓶中。使用的仪器为电导率仪。

2. 答：

（1）电导率仪电极的引线不能潮湿，工作完毕后应将电极和引线放回装有干燥剂的盒中，如受潮则将引起数据的偏差。

（2）高纯水被盛入容器后应迅速测量，否则电导率降低很快，因为空气中二氧化碳会溶于水中，变成碳酸根离子。

（3）盛被测液的容器必须清洁，无离子沾污。容器应用硬质玻璃或硬质塑料制成。

（4）分析用的蒸馏水电导率应小于 10^{-3} μS/cm。

第 4 节　微 生 物 检 验

微生物检验是判断食品和食品加工过程中微生物的存在与否、种类、数量及其对人和动物健康影响的技术方法。在食品企业中，开展微生物检验不仅可以使生产各环节的卫生得到及时控制，而且也是衡量食品安全质量的重要依据。

学习单元 1　菌落总数测定

学习目标

了解菌落总数测定的意义和原理。

熟悉菌落总数测定中所需的设备和材料及培养基和试剂的配制。

掌握菌落总数测定的程序、操作步骤、计数方法、计算方法和结果报告方式。

能够进行菌落总数的测定。

知识要求

菌落总数是指食品经过处理，在一定条件下（如培养基、培养温度和培养时间等）培养后，所得 1 mL（g）检样中形成的微生物菌落的总数。菌落总数主要作为判别食品被污染程度的标志，也可用以观察微生物在食品中繁殖的动态。菌落总数的测定一般用国际标准规定的平板计数法，所得结果只包含一群能在平板计数琼脂培养基上生长的嗜中温需氧菌和兼性厌氧菌的菌落总数。菌落总数并不能区分微生物的种类，菌落总数的多少标志着食品卫生质量的优劣，它反映食品在生产加工过程中是否符合卫生要求，以便对被检食品做出适当的安全性评价。所以，食品标准中通常都有菌落总数的限量规定。

微生物生长条件见表 2—20。

表 2—20 微生物生长条件

分类	培养温度	培养时间	氧气状况	营养条件
一般菌落总数	36℃±1℃	48 h±2 h	需氧和兼性厌氧	平板计数琼脂培养基
特殊生理需求的微生物	嗜冷或嗜热	缓慢生长的微生物	厌氧或微需氧	有特殊营养需求

国内外菌落总数测定方法基本一致，从检样处理、稀释、倾注平皿到计数报告无明显不同，仅在某些具体要求方面稍有差别。菌落总数测定依据国家标准 GB 4789.2—2010《食品安全国家标准　食品微生物学检验　菌落总数测定》。

一、设备和材料

菌落总数检验的设备和材料主要有高压蒸汽灭菌锅、电炉、恒温培养箱、冰箱、恒温水浴锅、天平、均质器或乳钵、菌落计数器、放大镜、酒精灯、试管架、无菌吸管、无菌试管、无菌稀释瓶或三角烧瓶（内置玻璃珠）、烧杯、无菌平皿、无菌刀或剪子、镊子、勺子等。具体要求见国家标准。

二、培养基和试剂

1. 平板计数琼脂培养基

平板计数琼脂培养基的制作方法见表 2—21。

2. 无菌 0.85% 生理盐水或磷酸盐缓冲液

3. 75% 酒精棉球

表 2—21　　　　　　　　　　平板计数琼脂培养基的制作方法

成分	含量	制法
胰蛋白胨	5.0 g	
酵母浸膏	2.5 g	将各成分加于蒸馏水中,煮沸溶解,调节
葡萄糖	1.0 g	pH值至 7.0±0.2。分装锥形瓶,加塞、瓶口
琼脂	15.0 g	包扎后于 121℃ 高压灭菌 15 min
蒸馏水	1 000 mL	

 相关链接

目前市场多采用商品化的成品培养基,只需将培养基按标签上的比例准确称取后和蒸馏水均匀混合于锥形瓶中,加塞、瓶口包扎后灭菌即可。

三、检验程序

菌落总数的检验程序如图 2—3 所示。

四、操作步骤

菌落总数的测定,一般将被检样品制成几个不同的 10 倍递增稀释液,从每个稀释液中分别取出 1 mL 置于 2 个无菌平皿中与平板计数琼脂培养基混合,在 36℃±1℃培养 48 h±2 h(水产品在 30℃±1℃培养 72 h±2 h)后,计数每个平皿中形成的菌落数量,依据稀释倍数,计算出每克(或每毫升)原始样品中所含菌落总数。

1. 样品的处理和稀释

(1)固体和半固体样品。以无菌操作称取 25 g 样品置盛有 225 mL 无菌生理盐水或磷酸盐缓冲液的无菌均质瓶内以 8 000～10 000 r/min 的速度处理 1～2 min,或放入盛有 225 mL 稀释液的无菌均质袋中,用拍击式均质器拍打

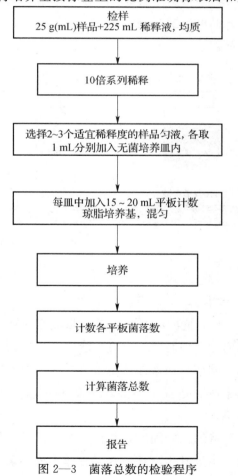

图 2—3　菌落总数的检验程序

1~2 min，制成 1∶10 的样品匀液。

（2）液体样品。以无菌吸管吸取 25 mL 样品置于盛有 225 mL 无菌生理盐水或磷酸盐缓冲液的无菌锥形瓶或稀释瓶（瓶内预置适当数量的无菌玻璃珠）中，充分混匀，制成 1∶10 的样品匀液。

（3）用 1 mL 无菌吸管吸取 1∶10 样品匀液 1 mL，沿管壁慢慢注入盛有 9 mL 无菌生理盐水或其他稀释液的无菌试管内（注意吸管或吸头尖端不要触及稀释液面），振摇试管混合均匀，制成 1∶100 的样品匀液。

（4）另取 1 mL 无菌吸管，按以上操作顺序，制 10 倍递增稀释样品匀液，如此每递增稀释一次即换用 1 支 1 mL 无菌吸管。

2. 倾注培养

（1）根据标准要求或对污染情况的估计，选择 2~3 个适宜连续稀释的样品匀液（液体样品可包括原液）。在制 10 倍递增稀释的同时，分别以吸取该稀释度的吸管移取 1 mL 样品匀液于无菌平皿中，每个稀释度做两个平皿，如图 2—4 所示。

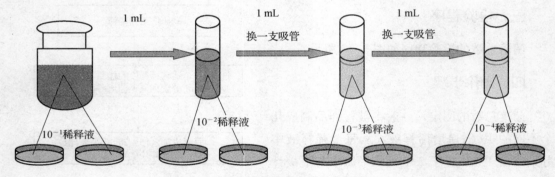

图 2—4　菌落总数检验的稀释与接种

（2）将约 15 mL 冷却至 46℃的平板计数琼脂培养基倾注在平皿中，并转动平皿使其混合均匀。

（3）同时将平板计数琼脂培养基倾入加有 1 mL 稀释液（不含样品）的两个无菌平皿内作空白对照。也可在取样进行检验的同时，于工作台上打开一块琼脂平板，其暴露的时间应与该检样从制备、稀释到加入平皿时所暴露的最长时间相当，然后与加有检样的平皿一并置于恒温箱内培养，以了解检样在检验操作过程中有无受到来自空气的污染。

待琼脂凝固后，翻转平皿，置于 36℃±1℃温箱内培养 48 h±2 h（水产品的培养温度，由于其生活环境水温较低，故多采用 30℃±1℃，培养时间为 72 h±2 h）。

如果样品中可能含有在琼脂培养基表面弥漫生长的菌落时，可在凝固后的琼脂表面覆盖一薄层琼脂培养基（约 4 mL），凝固后翻转平皿，同上述条件进行培养。

 **相关链接**

加入平皿内的检样稀释液（特别是 10^{-1} 的稀释液）有时带有检样颗粒，为了避免与细菌菌落发生混淆，可做一检样稀释液与平板计数琼脂培养基混合的平皿，不经培养，于 4℃ 环境中放置，以便在计数检样菌落时用作对照。

3. 菌落计数

做平皿菌落计数时，可用肉眼观察，必要时用放大镜或菌落计数器。记录各皿稀释倍数和相应的菌落数量，菌落计数以菌落形成单位（CFU）表示。

选取菌落数在 30～300 CFU、无蔓延菌落生长的平板计数菌落总数。小于 30 CFU 的平板记录具体菌落数，大于 300 CFU 的可记录为多不可计。每个稀释度的菌落数应采用两个平板的平均数。

若其中一个平板有较大片状菌落生长，则不宜采用，而应以无片状菌落生长的平板作为该稀释度的菌落数；若片状菌落不到平板的一半，而其余一半中菌落分布又很均匀，即可计算半个平板后乘以 2，代表一个平板菌落数。当平板上出现菌落间无明显界线的链状生长时，则将每条单链作为一个菌落计数。

4. 菌落总数的计算方法

（1）若只有一个稀释度平板上的菌落数在适宜计数范围内，计算两个平板菌落数的平均值，再将平均值乘以相应稀释倍数，作为每克（mL）样品中菌落总数结果。

（2）若有两个连续稀释度的平板菌落数在适宜计数范围内时，按下列公式计算：

$$N = \frac{\sum C}{(n_1 + 0.1 n_2)d}$$

式中　N——样品中菌落数；

　　　$\sum C$——平板（菌落数在适宜计数范围内的平板）菌落数之和；

　　　n_1——第一适宜稀释度（低稀释倍数）平板个数；

　　　n_2——第二适宜稀释度（高稀释倍数）平板个数；

　　　d——稀释因子（第一适宜稀释度）。

示例：有两个连续稀释度的平板菌落数在适宜计数范围内，平板菌落数见表 2—22，计算样品中的菌落数。

表 2—22 平板菌落数

平板	稀释度	菌落数（CFU）
第一稀释度	1：100	232，244
第二稀释度	1：1 000	33，35

计算：

$$N = \frac{\sum C}{(n_1 + 0.1n_2)d} = \frac{232 + 244 + 33 + 35}{[2 + (0.1 \times 2)] \times 10^{-2}} = \frac{544}{0.022} = 24\ 727(\text{CFU})$$

（3）若所有稀释度的平板上菌落数均大于 300 CFU，则对稀释度最高的平板进行计数，其他平板可记录为多不可计，结果按平均菌落数乘以最高稀释倍数计算。

（4）若所有稀释度的平板上菌落数均小于 30 CFU，则应按稀释度最低的平均菌落数乘以稀释倍数计算。

（5）若所有稀释度（包括液体样品原液）平板均无菌落生长，则以小于 1 乘以最低稀释倍数计算。

（6）若所有稀释度的平板菌落数均不在 30～300 CFU，其中一部分小于 30 CFU 或大于 300 CFU 时，则以最接近 30 CFU 或 300 CFU 的平均菌落数乘以稀释倍数计算。

五、菌落总数的报告

1. 菌落数小于 100 CFU 时，按"四舍五入"原则修约，以整数报告。

2. 菌落数大于等于 100 CFU 时，第 3 位数字采用"四舍五入"原则修约后，取前两位数字，后面用 0 代替位数；也可用 10 的指数形式来表示，按"四舍五入"原则修约后，采用两位有效数字。

3. 若所有平板上为蔓延菌落而无法计数，则报告菌落蔓延。

4. 若空白对照上有菌落生长，则此次检测结果无效。

5. 质量取样以 CFU/g 为单位报告，体积取样以 CFU/mL 为单位报告。

 **技能要求**

饮用纯净水中菌落总数的测定

依据 GB 4789.2—2010《食品安全国家标准 食品微生物学检验 菌落总数测定》测定饮用纯净水中的菌落总数。

操作准备

1. 设备和材料

设备和材料，见表2—23。

表 2—23　　　　　　　　　　　　设备和材料

设备和材料	规格与要求	数量
电炉	1 000～2 000 W	1台
高压蒸汽灭菌锅	121℃	1台
恒温培养箱	36℃±1℃	1台
恒温水浴锅	46℃±1℃	1台
冰箱	0～4℃	1台
天平	精确度0.1 g	1台
菌落计数器或放大镜	—	1台
酒精灯	—	1个
三角烧瓶	500 mL	1个
无菌稀释瓶	500 mL	1个
无菌试管	18×180（mm×mm）	3支
无菌吸管	1 mL	3支
无菌吸管	10 mL	1支
无菌平皿	直径为90 mm	8个
试管架	用于18×180（mm×mm）的试管	1个
玻璃烧杯	500 mL 或1 000 mL	1只
橡胶乳头	1 mL	1只
洗耳球	30 mL	1只

2. 培养基和试剂

（1）平板计数琼脂培养基。按成品培养基使用方法正确配制，灭菌后备用。

（2）0.85％生理盐水。称取8.5 g氯化钠，加入1 000 mL蒸馏水，溶解。分装试管（9 mL/支）和稀释瓶（225 mL/瓶），以121℃高压蒸汽灭菌15 min。

（3）75％酒精棉球。

3. 样品

饮用纯净水1瓶，采用两个稀释度（原液、1∶10）。

操作步骤

步骤1　平皿稀释度标识

准备6个平皿，分别在平皿上各标识两个 10^0、10^{-1}、空白，并记录样品编号。

步骤2　稀释与接种

首先振摇纯净水样品，用1 mL吸管分别吸取1 mL样品接种于两个标识为 10^0 的平皿中。然后吸取25 mL样品置于盛有225 mL无菌生理盐水的稀释瓶中，充分混匀，制成1∶10的样品匀液，再另取1 mL吸管分别吸取1 mL 1∶10的样品匀液接种于两个标识为 10^{-1} 的平皿中。接着换1支1 mL吸管分别吸取1 mL无菌生理盐水于两个空白平板中作对照。

步骤3　倾注培养

将约15 mL冷却至46℃左右的平板计数琼脂培养基倾注在平皿中，并转动平皿使其混合均匀。待琼脂凝固后，翻转平皿，置于36℃±1℃温箱内培养48 h±2 h。

步骤4　菌落计数与结果计算

假如本次样品测定结果是：10^0 稀释度菌落数是158 CFU、161 CFU；10^{-1} 稀释度菌落数是31 CFU、34 CFU。空白平皿无菌生长。则结果计算为：

$$N = \sum C/(n_1 + 0.1n_2)d$$
$$= (158 + 161 + 31 + 34)/(2 + 0.1 \times 2) \times 10^0 = 175$$

步骤5　填写试验原始记录

选用设备见表2—24，试验记录见表2—25，表中斜体部分是测定后填写的记录内容。

表2—24　　　　　　　　　　选用设备

选用设备、设备编号及计量状态	培养基、试剂名称
恒温培养箱，设备编号：HPY－11，计量有效期至2014年1月20日 *恒温水浴锅，设备编号：HSY－2，计量有效期至2014年1月20日*	*平板计数琼脂培养基、0.85%无菌生理盐水*

表2—25　　　　　　　　　　试验记录表

样品名称	瓶装纯净水	检验方法依据	GB 4789.2—2010
样品编号	Y－11	样品状态	液体，包装完整
样品数量	1件	检验地点	303室

检验结果记录

1 mL (g) 内菌落总数 (CFU)

稀释度	10^0		10^{-1}		10^{-2}		空白测定	
菌落数	*158*	*161*	*31*	*34*	/	/	*0*	*0*

菌落平均值	160	33	/	0
计算公式	$N = \sum C/(n_1 + 0.1n_2)d = (158 + 161 + 31 + 34)/(2 + 0.1 \times 2) \times 10^0 = 175$			
检验结果	180 CFU/mL			
结果判定	□ 符合　☑ 不符合			
培养条件	温度：36℃±1℃　时间：48 h±2 h			
判定标准	GB 17324—2003 瓶（桶）装饮用纯净水卫生标准≤20 CFU/mL			
备注：/				

检测人：张丽丽　　　　　　　　　　　检测日期：2013 年6 月20 日

单元测试题

一、判断题

1. 菌落总数所得结果只包含一种能在营养琼脂上生长的嗜中温需氧菌的菌落总数，并不表示样品中实际存在的所有微生物的菌落总数。（　　　）

2. 液体样品检验菌落总数时须在稀释液的锥形瓶中放置玻璃珠。（　　　）

二、单项选择题

1. 平板计数琼脂培养基高压灭菌的温度和时间是（　　　）。

A. 115℃ 15 min　　　　　　　　　　B. 121℃ 20 min

C. 121℃ 15 min　　　　　　　　　　D. 110℃ 20 min

2. 选取菌落数在（　　　），无蔓延菌落生长的平板，作为菌落总数的计数范围。

A. 10～150 CFU　　　　　　　　　　B. 30～150 CFU

C. 10～300 CFU　　　　　　　　　　D. 30～300 CFU

三、简答题

1. 菌落总数检验的培养基和试剂有哪些？

2. 简述菌落总数检验的程序。

四、思考题

菌落总数结果如何报告？

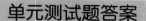

<h1 align="center">单元测试题答案</h1>

一、判断题

1. ×   2. √

二、单项选择题

1. C   2. D

三、简答题

1. 菌落总数检验的培养基和试剂：（1）平板计数琼脂培养基。（2）0.85％无菌生理盐水或磷酸盐缓冲液。

2. 菌落总数检验的程序：称样→稀释→选择2～3个稀释度各1 mL加入平皿→浇注培养基（36℃±1℃，48 h±2 h培养）→菌落计数→报告。

 学习单元2 大肠菌群计数

 学习目标

了解大肠菌群计数的意义和原理。

熟悉大肠菌群计数中所需的设备和材料及培养基和试剂的配制。

掌握大肠菌群计数的程序、操作步骤、阳性判断、查MPN检索表和结果报告方式。

能够进行大肠菌群计数。

 知识要求

大肠菌群是指一群能发酵乳糖、产酸产气、需氧和兼性厌氧的革兰氏阴性无芽孢杆菌。大肠菌群是具有某些特性的一组与粪便污染有关的细菌，故以此作为粪便污染指标来评价食品的安全卫生质量，推断食品中是否有被肠道致病菌污染的可能。

目前食品检验标准中大肠菌群检验的方法有 GB/T 4789.3—2003 和 GB 4789.3—2010。因为食品的判定标准有的是以 MPN/100 g（mL）判定，有的是以 MPN/g（mL）判定，所以当用 MPN/100 g（mL）判定时应采用 GB/T 4789.3—2003 标准检验，当用

MPN/g（mL）判定时则应采用 GB 4789.3—2010 标准检验。

此外，水质的检验标准也有几种方法。如生活饮用水中总大肠菌群检验，采用的是 GB/T 5750.12—2006《生活饮用水标准检验方法微生物指标》（总大肠菌群检验　多管发酵法）；矿泉水中大肠菌群检验采用的是 GB/T 8538—2008《饮用天然矿泉水检验方法》（大肠菌群　多管发酵法）。

一、使用国家标准 GB/T 4789.3—2003《食品卫生微生物学检验　大肠菌群测定》测定食品中的大肠菌群

1. 设备和材料

大肠菌群检验的设备和材料主要有高压蒸汽灭菌锅、电炉、恒温培养箱、冰箱、恒温水浴锅、天平、均质器或乳钵、显微镜、酒精灯、载玻片、接种环、香柏油、无菌吸管（1 mL、10 mL）、无菌试管、无菌小倒管、试管架、无菌稀释瓶或三角烧瓶（内置玻璃珠）、烧杯、无菌平皿、无菌刀或剪子、镊子、勺子等。

2. 培养基、试剂和染色液

（1）乳糖胆盐发酵管（单料或双料）。乳糖胆盐发酵管配制方法见表 2—26。

表 2—26　　　　　　　　　　乳糖胆盐发酵管配制方法

成分	用量		制法
	单料	双料	
蛋白胨	20 g	40 g	将蛋白胨、胆盐及乳糖溶于蒸馏水中，调节 pH 值到 7.4，加入溴甲酚紫水溶液，混匀，分装试管（每支试管中预先倒置一个小倒管），每管 10 mL，115℃高压蒸汽灭菌 15 min
猪胆盐（或牛、羊胆盐）	5 g	10 g	
乳糖	10 g	20 g	
0.04%溴甲酚紫水溶液	25 mL	50 mL	
蒸馏水	1 000 mL	1 000 mL	

 相关链接

乳糖胆盐发酵管（双料）：若配置 1 000 mL 双料培养基，只需将单料培养基各成分增加一倍和水混合即可。

（2）伊红美蓝琼脂平板（简称 EMB）。伊红美蓝琼脂平板配制方法见表 2—27。

表 2—27　　　　　　　　　　　伊红美蓝琼脂平板配制方法

成分	用量	制法
蛋白胨	10 g	将蛋白胨、磷酸氢二钾、琼脂溶解于蒸馏水中，校正 pH 值为 7.1，分装于烧瓶内，以 121℃，15 min 高压蒸汽灭菌备用；临用时加热溶化并加入过滤后的乳糖或经过适度消毒后的乳糖，冷却至 50～55℃，加入伊红和美蓝溶液，混匀，倾注在平皿中，凝固后备用
乳糖	10 g	
磷酸氢二钾	2 g	
琼脂	17 g	
2%伊红水溶液	20 mL	
0.65%美蓝溶液	10 mL	
蒸馏水	1 000 mL	

 相关链接

　倾注后的平皿培养基应存于洁净冷暗处，不宜超过 3 天。

（3）乳糖发酵管。乳糖发酵管配制方法见表 2—28。

表 2—28　　　　　　　　　　　乳糖发酵管配制方法

成分	用量	制法
蛋白胨	20 g	将蛋白胨及乳糖溶于蒸馏水中，调节 pH 值至 7.4，加入溴甲酚紫水溶液，混匀，分装试管（每支试管中预先倒置一只小倒管），每管 5 mL（供大肠菌群证实试验用），115℃高压蒸汽灭菌 15 min
乳糖	10 g	
0.04%溴甲酚紫水溶液	25 mL	
蒸馏水	1 000 mL	

（4）无菌 0.85%生理盐水或其他稀释液。0.85%生理盐水配制方法见表 2—29。

表 2—29　　　　　　　　　　　0.85%生理盐水配制方法

成分	用量	制法
氯化钠	8.5 g	称取 8.5 g 氯化钠，加入 1 000 mL 蒸馏水中，溶解。分装试管（9 mL/支）和稀释瓶（225 mL/瓶），121℃高压蒸汽灭菌 15 min
蒸馏水	1 000 mL	

（5）75%酒精棉球。

（6）1 mol/L NaOH。1 mol/L NaOH 配制方法见表 2—30。

表 2—30　　　　　　　　　　　1 mol/L NaOH 配制方法

成分	用量	制法
NaOH	40.0 g	称取 40 g NaOH（氢氧化钠）溶于 1 000 mL 蒸馏水中，121℃高压蒸汽灭菌 15 min
蒸馏水	1 000 mL	

（7）1 mol/L HCl。1 mol/L HCl 配制方法见表2—31。

表 2—31　　　　　　　　　　　　1 mol/L HCl 配制方法

成分	用量	制法
浓盐酸	90 mL	移取浓盐酸90 mL，用蒸馏水稀释至1 000 mL，121℃高压蒸汽
蒸馏水	1 000 mL	灭菌 15 min

（8）革兰氏染色液（可购置商品化试剂，具体配制方法略）

1）结晶紫染色液。

2）卢戈氏碘液。

3）95％乙醇溶液。

4）沙黄。

3. 检验程序

大肠菌群的检验程序如图 2—5 所示。

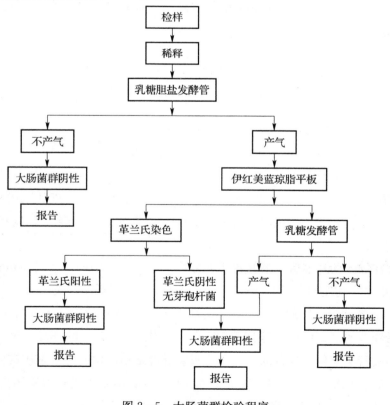

图 2—5　大肠菌群检验程序

4. 操作步骤

大肠菌群检验的操作流程如图 2—6 所示。

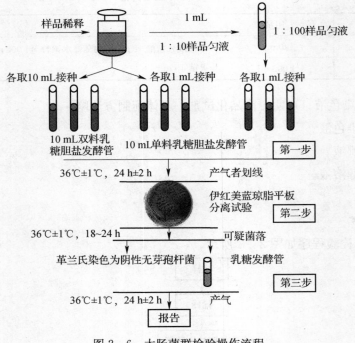

图 2—6 大肠菌群检验操作流程

基本操作：样品的处理与稀释→乳糖胆盐发酵管（初发酵）→伊红美蓝琼脂平板（分离培养）→乳糖发酵管（证实试验）→查 MPN 检索表→结果报告。

（1）样品的处理和稀释

1）以无菌操作取检样 25 g（或 25 mL），放入 225 mL 无菌生理盐水或其他稀释液的无菌均质瓶内（瓶内预置适当数量的玻璃珠）或无菌乳钵内，经充分振摇或研磨制成 1∶10 的样品匀液。

固体检样在加入稀释液后，最好置于无菌均质器中以 8 000～10 000 r/min 的速度处理 1 min 或置于拍击式均质器中拍打 1～2 min，制成 1∶10 的样品匀液。

2）用 1 mL 无菌吸管吸取 1∶10 样品匀液 1 mL，沿管壁徐徐注入含有 9 mL 无菌生理盐水或其他稀释液的试管内，振摇试管混合均匀，制成 1∶100 的样品匀液。在进行连续稀释时，勿使吸管尖端伸入稀释液内，以免吸管外部黏附的样品匀液溶于其内。

3）对大肠菌群稀释度的选择主要应根据食品卫生标准要求或对检样污染情况的估计，选择 3 个稀释度，每个稀释度接种 3 管。一般来说，对于大多数食品均可采用 3.33 mL （g），个别食品例外，如食品包装用纸、棒冰和饮料食品，由于大肠菌群标准分别为 3 和 6，故应采用 33.3 mL（g），而不能采用 3.33 mL（g）。

 **相关链接**

样品匀液的 pH 值应在 6.5～7.5，pH 值过低时可用 1 mol/L NaOH 或产品检验标准中规定的酸碱予以调节。

（2）乳糖发酵试验（初发酵）。将待检样品匀液接种于乳糖胆盐发酵管内，接种量在 1 mL 以上的用双料乳糖胆盐发酵管；1 mL 及 1 mL 以下的用单料乳糖胆盐发酵管。将所有发酵管标识好样品编号、接种量、检验日期后，置于 36℃±1℃恒温箱内培养 24±2 h。如所有乳糖胆盐发酵管都不产气，则可报告为大肠菌群阴性，如有产气者，则按下列程序进行。

（3）分离培养。将产气的发酵管分别划线接种在伊红美蓝琼脂平板上，置于 36℃±1℃恒温箱内培养 18～24 h。取出后，观察菌落形态，并做革兰氏染色和证实试验（在 EMB 平板上，大肠菌群菌落呈紫黑色有金属光泽或无金属光泽时，检出率最高；红色、粉红色菌落检出率较低。如 EMB 平板上典型菌落甚少或均不够典型，则应多挑几个做证实试验，以免出现假阴性）。

（4）证实试验。在上述 EMB 平板上挑取可疑大肠菌群菌落 1～2 个进行革兰氏染色，同时接种乳糖发酵管，置于 36℃±1℃恒温箱内培养 24 h±2 h，观察产气情况。凡乳糖发酵管产气、革兰氏染色为阴性无芽孢杆菌，即可报告为大肠菌群阳性。

5. 大肠菌群的报告

根据证实为大肠菌群的阳性管数，查 MPN 检索表，报告每 100 mL（g）检样中大肠菌群的最可能数（MPN），见表 2—32。

表 2—32　　　　　　每 100 mL（g）检样中大肠菌群的最可能数（MPN）

阳性管数			MPN/ 100 mL（g）	95%可信限	
1 mL（g）×3	0.1 mL（g）×3	0.01 mL（g）×3		下限	上限
0	0	0	<30		
0	0	1	30		
0	0	2	60	<5	90
0	0	3	90		
0	1	0	30		
0	1	1	60		
0	1	2	90	<5	130
0	1	3	120		

续表

阳性管数			MPN/	95%可信限	
1 mL (g) ×3	0.1 mL (g) ×3	0.01 mL (g) ×3	100 mL（g）	下限	上限
0	2	0	60		
0	2	1	90		
0	2	2	120	—	—
0	2	3	160		
0	3	0	90		
0	3	1	130		
0	3	2	160	—	—
0	3	3	190		
1	0	0	40		
1	0	1	70	<5	200
1	0	2	110	10	210
1	0	3	150		
1	1	0	70		
1	1	1	110	10	230
1	1	2	150	30	360
1	1	3	190		
1	2	0	110		
1	2	1	150	30	360
1	2	2	200		
1	2	3	240		
1	3	0	160		
1	3	1	200	—	—
1	3	2	240		
1	3	3	290		
2	0	0	90		
2	0	1	140	10	360
2	0	2	200	30	370
2	0	3	260		
2	1	0	150		
2	1	1	200	30	440
2	1	2	270	70	890
2	1	3	340		
2	2	0	210		
2	2	1	280	40	470
2	2	2	350	100	1 500
2	2	3	420		

续表

阳性管数			MPN/	95％可信限	
1 mL（g）×3	0.1 mL（g）×3	0.01 mL（g）×3	100 mL（g）	下限	上限
2	3	0	290		
2	3	1	360		
2	3	2	440		
2	3	3	530		
3	0	0	230		
3	0	1	390	40	1 200
3	0	2	640	70	1 300
3	0	3	950	150	3 800
3	1	0	430		
3	1	1	750	70	2 100
3	1	2	1 200	140	2 300
3	1	3	1 600	300	3 800
3	2	0	930		
3	2	1	1 500	150	3 800
3	2	2	2 100	300	4 400
3	2	3	2 900	350	4 700
3	3	0	2 400		
3	3	1	4 600	360	13 000
3	3	2	11 000	710	24 000
3	3	3	≥24 000	1 500	48 000

注　①本表采用 3 个稀释度 ［1 mL（g）、0.1 mL（g）和 0.01 mL（g）］，每个稀释度 3 管。

②表内所列检样量如改用 10 mL（g）、1 mL（g）和 0.1 mL（g）时，表内数字应相应降低 10 倍；如改用 0.1 mL（g）、0.01 mL（g）、0.001 mL（g）时，则表内数字应相应增加 10 倍，其余可类推。

二、使用 GB 4789.3—2010《食品安全国家标准　食品微生物学检验　大肠菌群计数》测定食品中的大肠菌群

1. 设备和材料

大肠菌群检验的设备和材料主要有高压蒸汽灭菌锅、电炉、恒温培养箱、冰箱、恒温水浴锅、天平、均质器或乳钵、酒精灯、载玻片、无菌吸管（1 mL、10 mL）、无菌试管、无菌小倒管、试管架、接种环、无菌稀释瓶或三角烧瓶（内置玻璃珠）、烧杯、无菌平皿、无菌刀或剪子、镊子、勺子等。

2. 培养基和试剂

（1）月桂基硫酸盐胰蛋白胨（LST）肉汤。月桂基硫酸盐胰蛋白胨（LST）肉汤配置方法见表 2—33。

表2—33   月桂基硫酸盐胰蛋白胨（LST）肉汤配置方法

成分	用量	制法
胰蛋白胨或胰酪胨	20.0 g	
氯化钠	5.0 g	
乳糖	5.0 g	将所需各成分溶解于蒸馏水中，调节 pH 值至
磷酸氢二钾（K_2HPO_4）	2.75 g	6.8±0.2。分装到有玻璃小倒管的试管中，每管
磷酸二氢钾（KH_2PO_4）	2.75 g	10 mL。121℃高压蒸汽灭菌 15 min
月桂基硫酸钠	0.1 g	
蒸馏水	1 000 mL	

（2）煌绿乳糖胆盐（BGLB）肉汤。煌绿乳糖胆盐（BGLB）肉汤配置方法见表2—34。

表2—34   煌绿乳糖胆盐（BGLB）肉汤配置方法

成分	用量	制法
蛋白胨	10.0 g	
乳糖	10.0 g	将蛋白胨、乳糖溶于约 500 mL 蒸馏水中，加入牛胆粉溶液 200 mL
牛胆粉（oxgall 或 oxbile）溶液	200 mL	（将 20.0 g 脱水牛胆粉溶于 200 mL 蒸馏水中，调节 pH 值至 7.0～7.5），用蒸馏水稀释到 975 mL，调节 pH 值，再加入 0.1%煌绿水溶液
0.1%煌绿水溶液	13.3 mL	13.3 mL，用蒸馏水补足到 1 000 mL，用棉花过滤后，分装到有玻璃小倒管的试管中，每管 10 mL。121℃高压蒸汽灭菌 15 min
蒸馏水	800 mL	

（3）无菌 0.85％生理盐水或磷酸盐缓冲液。

（4）1 mol/L NaOH。1 mol/L NaOH 配置方法见表2—35。

表2—35   1 mol/L NaOH 配置方法

成分	用量	制法
NaOH	40.0 g	称取 40 g NaOH（氢氧化钠）溶于 1 000 mL 蒸馏水中，121℃高
蒸馏水	1 000 mL	压蒸汽灭菌 15 min

（5）1 mol/L HCl。1 mol/L HCl 配置方法见表2—36。

表2—36   1 mol/L HCl 配置方法

成分	用量	制法
浓盐酸	90 mL	移取浓盐酸 90 mL，用蒸馏水稀释至 1 000 mL，121℃高压蒸汽
蒸馏水	1 000 mL	灭菌 15 min

3. 检验程序

大肠菌群 MPN 计数的检验程序如图 2—7 所示。

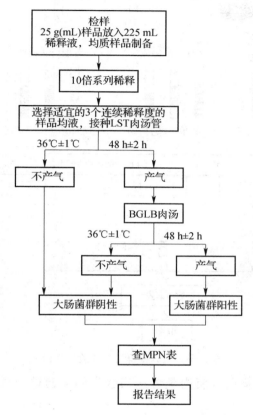

图 2—7　大肠菌群 MPN 计数检验程序

4. 操作步骤

大肠菌群计数检验的操作步骤如图 2—8 所示。

基本操作：样品的处理与稀释→接种 LST 肉汤管→产气 LST 肉汤管转接 BGLB 肉汤→计数阳性管数→检索 MPN 表→报告。

（1）样品的处理和稀释

1）固体和半固体样品。称取 25 g 样品，放入盛有 225 mL 无菌生理盐水或其他稀释液的均质瓶内，以 8 000～10 000 r/min 的速度均质 1～2 min，或放入盛有 225 mL 无菌生理盐水或其他稀释液的均质袋中，用拍击式均质器拍打 1～2 min，制成 1∶10 的样品匀液。

2）液体样品。以无菌吸管吸取 25 mL 样品放入盛有 225 mL 无菌生理盐水或其他稀

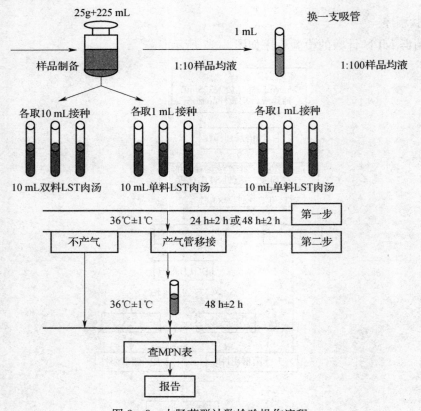

图2—8　大肠菌群计数检验操作流程

释液的无菌锥形瓶或稀释瓶（瓶内预置适当数量的无菌玻璃珠）中，充分混匀，制成 1∶10 的样品匀液。

3）样品匀液的 pH 值应在 6.5～7.5，必要时分别用无菌 1 mol/L NaOH 或无菌 1 mol/L HCl 调节。

用 1 mL 无菌吸管吸取 1∶10 样品匀液 1 mL，沿管壁缓缓注入含有 9 mL 无菌生理盐水或其他稀释液的试管内（注意吸管或吸头尖端不要触及稀释液面），振摇试管混合均匀，制成 1∶100 的样品匀液。根据对样品污染状况的估计，按上述操作，依次制成 10 倍递增系列稀释样品匀液。每递增稀释 1 次，换用 1 支 1 mL 无菌吸管。从制备样品匀液至样品接种完毕，全程不得超过 15 min。

（2）初发酵试验。每个样品选择 3 个适宜的连续稀释度的样品匀液（液体样品可以选择原液），每个稀释度接种 3 管月桂基硫酸盐胰蛋白胨（LST）肉汤，每管接种 1 mL（如接种量超过 1 mL，则用双料 LST 肉汤），于 36℃±1℃培养 24 h±2 h，观察倒管内是否有气泡产生，对经过 24 h±2 h 产气的进行复发酵试验，如未产气则继续培养至 48 h±2 h，对产气的进行复发酵试验。始终未产气的为大肠菌群阴性。

（3）复发酵试验。用接种环从产气的 LST 肉汤管中分别取培养物 1 环，移种于煌绿乳糖胆盐（BGLB）肉汤管中，36℃±1℃培养 48 h±2 h，观察产气情况。产气的计为大肠菌群阳性管。

（4）大肠菌群最可能数（MPN）的报告。按证实的大肠菌群 LST 阳性管数，检索 MPN 表，报告每克（mL）样品中大肠菌群的 MPN 值。

5. 大肠菌群最可能数（MPN）检索表

每克（mL）检样中大肠菌群最可能数（MPN）的检索见表 2—37。

表 2—37 　　　　　　　大肠菌群最可能数（MPN）检索表

阳性管数			MPN	95％可信限		阳性管数			MPN	95％可信限	
0.10	0.01	0.001		下限	上限	0.10	0.01	0.001		下限	上限
0	0	0	<3.0	—	9.5	2	2	0	21	4.5	42
0	0	1	3.0	0.15	9.6	2	2	1	28	8.7	94
0	1	0	3.0	0.15	11	2	2	2	35	8.7	94
0	1	1	6.1	1.2	18	2	3	0	29	8.7	94
0	2	0	6.2	1.2	18	2	3	1	36	8.7	94
0	3	0	9.4	3.6	38	3	0	0	23	4.6	94
1	0	0	3.6	0.17	18	3	0	1	38	8.7	110
1	0	1	7.2	1.3	18	3	0	2	64	17	180
1	0	2	11	3.6	38	3	1	0	43	9	180
1	1	0	7.4	1.3	20	3	1	1	75	17	200
1	1	1	11	3.6	38	3	1	2	120	37	420
1	2	0	11	3.6	42	3	1	3	160	40	420
1	2	1	15	4.5	42	3	2	0	93	18	420
1	3	0	16	4.5	42	3	2	1	150	37	420
2	0	0	9.2	1.4	38	3	2	2	210	40	430
2	0	1	14	3.6	42	3	2	3	290	90	1 000
2	0	2	20	4.5	42	3	3	0	240	42	1 000
2	1	0	15	3.7	42	3	3	1	460	90	2 000
2	1	1	20	4.5	42	3	3	2	1 100	180	4 100
2	1	2	27	8.7	94	3	3	3	>1 100	420	—

注 ①本表采用 3 个稀释度 [0.1 g（mL）、0.01 g（mL）和 0.001 g（mL）]，每个稀释度接种 3 管。

②表内所列检样量如改用 1 g（mL）、0.1 g（mL）和 0.01 g（mL）时，表内数字应相应降低 10 倍；如改用 0.01 g（mL）、0.001 g（mL）、0.000 1 g（mL）时，则表内数字应相应增高 10 倍，其余类推。

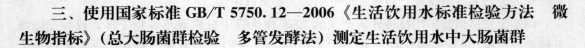

三、使用国家标准 GB/T 5750.12—2006《生活饮用水标准检验方法 微生物指标》（总大肠菌群检验 多管发酵法）测定生活饮用水中大肠菌群

1. 设备和材料

大肠菌群检验的设备和材料主要有高压蒸汽灭菌锅、电炉、恒温培养箱、冰箱、天平、显微镜、酒精灯、香柏油、载玻片、无菌吸管（1 mL、10 mL）、无菌试管、无菌小倒管、试管架、接种环、无菌稀释瓶或三角烧瓶、烧杯、无菌平皿、勺子等。

2. 培养基和试剂

（1）乳糖蛋白胨培养液。乳糖蛋白胨培养液配制方法见表2—38。

表2—38 乳糖蛋白胨培养液配制方法

成分	用量	制法
蛋白胨	10 g	将蛋白胨、牛肉膏、乳糖及氯化钠溶于蒸馏水中，调整pH值为7.2～7.4，再加入1 mL 16 g/L的溴甲酚紫乙醇溶液，充分混匀，分装于装有小倒管的试管中，115℃高压蒸汽灭菌20 min，储存于冷暗处备用。
牛肉膏	3 g	
乳糖	5 g	
氯化钠	5 g	
溴甲酚紫乙醇溶液（16 g/L）	1 mL	
蒸馏水	1 000 mL	

（2）双料乳糖蛋白胨培养液。按上述乳糖蛋白胨培养液配制方法，除蒸馏水外，其他成分用量加倍。

（3）伊红美蓝琼脂培养基。

（4）无菌0.85％生理盐水。

3. 检验步骤

（1）乳糖发酵试验

1）取10 mL水样接种到10 mL双料乳糖蛋白胨培养液中，取1 mL水样接种到10 mL单料乳糖蛋白胨培养液中，另取1 mL水样注入9 mL无菌生理盐水中，混匀后吸取1 mL（即0.1 mL水样）注入10 mL单料乳糖蛋白胨培养液中，每个稀释度接种5管。

对已处理过的出厂自来水，需经常检验或每天检验一次的，可直接接种5份10 mL双料乳糖蛋白胨培养基，每份接种10 mL水样。

检验水源水时，如污染较严重，应加大稀释度，可接种1 mL、0.1 mL、0.01 mL，甚至可接种0.1 mL、0.01 mL、0.001 mL，每个稀释度接种5管，每个水样共接种15管，每管接种1 mL。三个连续稀释度必须做10倍递增稀释，每递增稀释一次，换用1支1 mL

无菌吸管。

2）将接种后的试管置于 36℃±1℃ 培养箱内，培养 24 h±2 h，如所有乳糖蛋白胨培养管都不产酸产气，则可报告为总大肠菌群阴性，如有产酸产气者，则按下列步骤进行。

（2）分离培养。伊红美蓝琼脂平板分离方法同 GB/T 4789.3—2003 标准方法。

（3）证实试验。伊红美蓝琼脂平板上有可疑或典型大肠菌群菌落时，做革兰氏染色，同时接种乳糖蛋白胨培养液，置于 36℃±1℃ 培养箱中培养 24 h±2 h。当镜检为革兰氏阴性无芽孢杆菌，乳糖蛋白胨产酸产气，即证实有总大肠菌群存在。

（4）结果报告。根据证实为总大肠菌群阳性的管数，查 MPN（最可能数）检索表，报告每 100 mL 水样中的总大肠菌群最可能数（MPN）值。

4. 大肠菌群最可能数（MPN）检索表

稀释样品查表后所得结果应乘以稀释倍数。如所有乳糖发酵管均为阴性时，可报告总大肠菌群未检出。

接种 5 份 10 mL 水样时各种阳性和阴性结果组合的最可能数（MPN）见表 2—39。

表 2—39　　用 5 份 10 mL 水样时各种阳性和阴性结果组合的最可能数（MPN）

5 个 10 mL 水样管中阳性管数	最可能数（MPN）
0	<2.2
1	2.2
2	5.1
3	9.2
4	16.0
5	>16

总大肠菌群（MPN）检索表见表 2—40。

表 2—40　　　　　　　　　总大肠菌群（MPN）检索表

（总接种量 55.5 mL，5 份 10 mL 水样，5 份 1 mL 水样，5 份 0.1 mL 水样）

接种量（mL）			MPN/100 mL	接种量（mL）			MPN/100 mL
10	1	0.1		10	1	0.1	
0	0	0	<2	1	0	0	2
0	0	1	2	1	0	1	4
0	0	2	4	1	0	2	6
0	0	3	5	1	0	3	8
0	0	4	7	1	0	4	10
0	0	5	9	1	0	5	12

接种量（mL）			MPN/100 mL	接种量（mL）			MPN/100 mL
10	1	0.1		10	1	0.1	
0	1	0	2	1	1	0	4
0	1	1	4	1	1	1	6
0	1	2	6	1	1	2	8
0	1	3	7	1	1	3	10
0	1	4	9	1	1	4	12
0	1	5	11	1	1	5	14
0	2	0	4	1	2	0	6
0	2	1	6	1	2	1	8
0	2	2	7	1	2	2	10
0	2	3	9	1	2	3	12
0	2	4	11	1	2	4	15
0	2	5	13	1	2	5	17
0	3	0	6	1	3	0	8
0	3	1	7	1	3	1	10
0	3	2	9	1	3	2	12
0	3	3	11	1	3	3	15
0	3	4	13	1	3	4	17
0	3	5	15	1	3	5	19
0	4	0	8	1	4	0	11
0	4	1	9	1	4	1	13
0	4	2	11	1	4	2	15
0	4	3	13	1	4	3	17
0	4	4	15	1	4	4	19
0	4	5	17	1	4	5	22
0	5	0	9	1	5	0	13
0	5	1	11	1	5	1	15
0	5	2	13	1	5	2	17
0	5	3	15	1	5	3	19
0	5	4	17	1	5	4	22
0	5	5	19	1	5	5	24
2	0	0	5	3	0	0	8
2	0	1	7	3	0	1	11
2	0	2	9	3	0	2	13
2	0	3	12	3	0	3	16
2	0	4	14	3	0	4	20
2	0	5	16	3	0	5	23

接种量（mL）			MPN/100 mL	接种量（mL）			MPN/100 mL
10	1	0.1		10	1	0.1	
2	1	0	7	3	1	0	11
2	1	1	9	3	1	1	14
2	1	2	12	3	1	2	17
2	1	3	14	3	1	3	20
2	1	4	17	3	1	4	23
2	1	5	19	3	1	5	27
2	2	0	9	3	2	0	14
2	2	1	12	3	2	1	17
2	2	2	14	3	2	2	20
2	2	3	17	3	2	3	24
2	2	4	19	3	2	4	27
2	2	5	22	3	2	5	31
2	3	0	12	3	3	0	17
2	3	1	14	3	3	1	21
2	3	2	17	3	3	2	24
2	3	3	20	3	3	3	28
2	3	4	22	3	3	4	32
2	3	5	25	3	3	5	36
2	4	0	15	3	4	0	21
2	4	1	17	3	4	1	24
2	4	2	20	3	4	2	28
2	4	3	23	3	4	3	32
2	4	4	25	3	4	4	36
2	4	5	28	3	4	5	40
2	5	0	17	3	5	0	25
2	5	1	20	3	5	1	29
2	5	2	23	3	5	2	32
2	5	3	26	3	5	3	37
2	5	4	29	3	5	4	41
2	5	5	32	3	5	5	45
4	0	0	13	5	0	0	23
4	0	1	17	5	0	1	31
4	0	2	21	5	0	2	43
4	0	3	25	5	0	3	58
4	0	4	30	5	0	4	76
4	0	5	36	5	0	5	95

接种量（mL）			MPN/100 mL	接种量（mL）			MPN/100 mL
10	1	0.1		10	1	0.1	
4	1	0	17	5	1	0	33
4	1	1	21	5	1	1	46
4	1	2	26	5	1	2	63
4	1	3	31	5	1	3	84
4	1	4	36	5	1	4	110
4	1	5	42	5	1	5	130
4	2	0	22	5	2	0	49
4	2	1	26	5	2	1	70
4	2	2	32	5	2	2	94
4	2	3	38	5	2	3	120
4	2	4	44	5	2	4	150
4	2	5	50	5	2	5	180
4	3	0	27	5	3	0	79
4	3	1	33	5	3	1	110
4	3	2	39	5	3	2	140
4	3	3	45	5	3	3	180
4	3	4	52	5	3	4	210
4	3	5	59	5	3	5	250
4	4	0	34	5	4	0	130
4	4	1	40	5	4	1	170
4	4	2	47	5	4	2	220
4	4	3	54	5	4	3	280
4	4	4	62	5	4	4	350
4	4	5	69	5	4	5	430
4	5	0	41	5	5	0	240
4	5	1	48	5	5	1	350
4	5	2	56	5	5	2	540
4	5	3	64	5	5	3	920
4	5	4	72	5	5	4	1 600
4	5	5	81	5	5	5	＞1 600

四、使用国家标准 GB/T 8538—2008《饮用天然矿泉水检验方法》（大肠菌群 多管发酵法）测定天然矿泉水中大肠菌群

1. 设备和材料

大肠菌群检验的设备和材料主要有高压蒸汽灭菌锅、电炉、恒温培养箱、冰箱、天平、酒精灯、无菌吸管（1 mL、10 mL）、无菌试管、无菌小倒管、试管架、接种环、无菌稀释瓶或三角烧瓶、烧杯、勺子等。

2. 培养基和试剂

（1）乳糖胆盐发酵管

（2）亮绿乳糖胆盐培养液（BGB）。亮绿乳糖胆盐培养液配制方法见表2—41。

表 2—41　　　　　　　　　　　亮绿乳糖胆盐培养液配制方法

成分	用量	制法
蛋白胨	10.0 g	除亮绿外，将其他成分溶于蒸馏水中，调节 pH 值到 7.2，加入亮绿，混匀，分装到装有小倒管的试管中，每管 10 mL，115℃高压蒸汽灭菌 20 min
乳糖	10.0 g	
牛胆盐	2.0 g	
亮绿	0.011 3 g	
蒸馏水	1 000 mL	

（3）无菌 0.85% 生理盐水。

3. 检验步骤

（1）矿泉水水源水检测

1）推测性检验。吸取 10 mL 水样接种到盛有 10 mL 双料乳糖胆盐发酵培养液中，共接种 5 份。吸取 1 mL 水样接种到盛有 10 mL 单料乳糖胆盐发酵培养液中，共接种 5 份。另吸取 1 mL 水样接种到 9 mL 无菌生理盐水中（即 0.1 mL 水样），混匀，用 1 mL 无菌吸管吸取 1 mL 样品匀液，加到盛有 10 mL 单料乳糖胆盐发酵培养液中，共接种 5 分。轻摇试管，使液体充分混合，置于 36℃±1℃培养箱内培养 24 h，观察每管是否产气，若有气体产生该管则为推测性检验阳性，如不产气则为大肠菌群阴性。

2）确证性试验。自推测性检验阳性管中取一接种环培养液，接种到亮绿乳糖胆盐培养液（BGB）管中，置于 36℃±1℃培养箱中培养 48 h。

观察 BGB 管中的产气情况，如有气体产生，即可确定为"大肠菌群阳性"；如无气体产生则为"大肠菌群阴性"。记下 BGB 管里产气的阳性试管数，查表 2—40 总大肠菌群（MPN）检索表，可得出水样中大肠菌群的可能值。

3）MPN 值的计算。表 2—40 采用接种量为 10 mL、1 mL、0.1 mL 水样，如水样含菌量少，也可按 100 mL、10 mL、1 mL 接种，那么其实际 MPN 值应为表中的 MPN 值降低 10 倍；反之如含菌量较多，可接种 1 mL、0.1 mL、0.01 mL 水样，其实际 MPN 值应为表中的 MPN 值放大 10 倍，以此类推。

4）MPN 值计算的举例说明。假设推测性检验 15 支试管中的阳性管数如下：在接种量为 10 mL 的管中有 5 支管阳性；在接种量为 1 mL 的管中有 4 支管阳性；在接种量为 0.10 mL 的管中有 2 支管阳性；作为推测性检验结果为 5—4—2，当把以上阳性管转种到

BGB 管里，经培养后，作为证实性检验所给的结果为 5－3－1，那么查表 2—40，就可知大肠菌群的 MPN 值为每 100 mL 水样中 MPN 值为 110。接种量为 100 mL、10 mL、1 mL 时，每 100 mL 水样中 MPN 值为 11。如接种量为 1 mL、0.1 mL、0.01 mL 时，每 100 mL 水样中 MPN 值即为 1 100。

（2）直接饮用的矿泉水检测。出厂的成品矿泉水或准备直接饮用的矿泉水，可按下列方法进行检验。

1）推测性检验。用 10 mL 的无菌吸管向 5 支盛有 10 mL 双料乳糖胆盐发酵培养液的试管中，每管接种 10 mL 水样，置于 36℃±1℃ 培养箱内培养 24 h。观察每管的产气情况，如有气体产生则认为推测性检验阳性。

2）确证性试验。操作步骤同矿泉水水源水检测。

3）MPN 值的计算。如经过确证性检验后，大肠菌群有 3 管阳性，从表 2—39 查得 MPN 值为 9.2。

综上列举了 4 种大肠菌群检测的标准方法。现归纳如下，食品中和饮用水的大肠菌群检测方法见表 2—42。

表 2—42　　　　　　食品中和饮用水的大肠菌群检测方法

标准号	适用范围	初发酵培养基	接种管数（管）	检索表	报告
GB/T 4789.3—2003	食品和瓶装饮用水	乳糖胆盐发酵管	9	表 2—32	MPN/100 g（mL）
GB 4789.3—2010	食品	月桂基硫酸盐胰蛋白胨（LST）肉汤	9	表 2—37	MPN/g（mL）
GB/T 5750.12—2006	生活饮用水	乳糖蛋白胨培养液	5	表 2—39	MPN/100 mL
	水源水		15	表 2—40	
GB/T 8538—2008	天然矿泉水源水	乳糖胆盐发酵管	15	表 2—40	MPN/100 mL
	直接饮用的矿泉水		5	表 2—39	

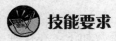 技能要求

饮用纯净水中大肠菌群的检验

依据国家标准 GB/T 4789.3—2003《食品卫生微生物学检验大肠菌群测定》测定饮用

纯净水中大肠菌群数。

操作准备

1. 设备和材料

设备和材料见表 2—43。

表 2—43　　　　　　　　　　　　设备和材料

设备和材料	规格与要求	数量
电炉	1 000～2 000 W	1 台
高压灭菌锅	115℃/121℃	1 台
恒温培养箱	36℃±1℃	1 台
冰箱	0～4℃	1 台
天平	精确度 0.1 g	1 台
显微镜	光学显微镜	1 台
香柏油	—	1 瓶
酒精灯	—	1 个
接种环	—	1 支
载玻片	—	2 片
三角烧瓶	容量为 500 mL	1 个
无菌稀释瓶	500 mL	1 个
无菌试管	18×180（mm×mm）	10 支
无菌小倒管	—	9 个
无菌吸管	10 mL	1 支
无菌吸管	1 mL	3 支
试管架	用于 18×180（mm×mm）试管	1 个
玻璃烧杯	500 mL 或 1 L	1 只
洗耳球	30 mL	1 只
橡胶乳头	1 mL	1 只

2. 培养基和试剂

（1）乳糖胆盐发酵管（单料或双料）。按成品培养基使用方法正确配制，灭菌。

（2）伊红美蓝琼脂平板（EMB）。按成品培养基使用方法正确配制，灭菌。

（3）乳糖发酵管。按成品培养基使用方法正确配制，灭菌。

（4）0.85% 生理盐水。

（5）75％酒精棉球。

（6）革兰氏染色液。

3. 样品

纯净水 1 桶，采用三个检验量（10 mL、1 mL、0.1 mL）。

操作步骤

步骤 1 发酵管标识

准备乳糖胆盐发酵管，3 管双料，6 管单料，并做好 3 个稀释度的标识。

步骤 2 乳糖胆盐发酵试验（初发酵）

用酒精棉球擦拭手面和操作台面，然后用酒精棉球将样品包装的开口处擦拭消毒干净后待用。

振摇纯净水样品，首先用 10 mL 无菌吸管分别吸取 10 mL 样品接种于 3 管样品标识为 10 mL 的双料乳糖胆盐发酵管中；然后用 1 mL 无菌吸管分别吸取 1 mL 样品接种于 3 管样品标识为 1 mL 的单料乳糖胆盐发酵管中；最后吸取 1 mL 样品于 9 mL 无菌生理盐水稀释液中，充分混匀，制成 1：10 的样品匀液，再另取 1 mL 无菌吸管分别吸取 1 mL 1：10 的样品匀液接种于 3 管样品标识为 0.1 mL 的单料乳糖胆盐发酵管中。将所有发酵管标识好样品编号、检验日期后，置于 36℃±1℃恒温箱内培养 24 h±2 h。如三个稀释度的乳糖胆盐发酵管的阳性管数为 1－1－0，则按下列步骤进行操作。

步骤 3 分离培养

振摇乳糖胆盐发酵产气管，分别将产气阳性发酵管划线接种于伊红美蓝琼脂平板（EMB）上，置于 36℃±1℃恒温箱内培养 24 h±2 h。结果参照使用国家标准 GB/T 4789.3—2003《食品卫生微生物学检验 大肠菌群测定》测定食品中的大肠菌群中的内容。本次检测的两个 EMB 平板的菌落均为可疑阳性。

步骤 4 证实试验

伊红美蓝琼脂平板上有典型或可疑菌落时，参照使用国家标准 GB/T 4789.3—2003《食品卫生微生物学检验 大肠菌群测定》测定食品中的大肠菌群所介绍方法的要点进行证实试验。

步骤 5 结果与报告

凡乳糖发酵管产气、革兰氏染色为阴性无芽孢杆菌，即可报告为大肠菌群阳性。本次检测证实阳性结果为 1－1－0。

查表 2—32 每 100 mL（g）检样中大肠菌群的最可能数（MPN）表，结果是 70，其每 100 mL 纯净水中实际 MPN 值应以 70 除以 10，即为 7 MPN/100 mL。

步骤 6 填写原始记录

选用设备见表 2—44，试验记录见表 2—45，表中斜体部分是检验后填写的记录内容。

表 2—44　　　　　　　　　　　　　　　**选用设备**

选用设备、设备编号及计量状态	培养基、试剂
恒温培养箱，设备编号：HPY—11，计量有效期至 2014 年 1 月 20 日	1. 乳糖胆盐发酵管（单料和双料） 2. 伊红美蓝琼脂平板 3. 乳糖发酵管 4. 0.85% 生理盐水

表 2—45　　　　　　　　　　　　　　　**试验记录表**

样品名称	桶装纯净水	检验方法依据	GB/T 4789.3—2003
样品编号	Y—11	样品状态	液体，包装完整
样品数量	1 件	检验地点	303 室

检验结果记录

接种量	初发酵结果			伊红美蓝琼脂平板			复发酵结果			阳性管数
10 mL	−	+	−	+	/	/	+	/	/	1
1 mL	+	−	−	+	/	/	+	/	/	1
0.1 mL	−	−	−	/	/	/	/	/	/	0
0.01 mL	/	/	/	/	/	/	/	/	/	/

检验结果：7MPN/100 mL				结果判定：☐ 符合　☑不符合						
判定标准	GB 17324—2003 瓶（桶）装饮用纯净水卫生标准　≤3MPN/100 mL									
备注	/									

检验人员：张丽丽　　　　　　　　　　　　检验日期：2013 年 6 月 5 日

单元测试题

一、判断题

1. 生活饮用水中总大肠菌群检验，采用的是 GB/T 5750.12—2006 标准。（　　　）

2. 大肠菌群主要作为判别食品被污染程度的标志。（　　　）

二、单项选择题

1. （　　　）不是大肠菌群计数检验的培养基。

A. 月桂基硫酸盐胰蛋白胨（LST）肉汤　B. 煌绿乳糖胆盐（BGLB）肉汤

C. 磷酸盐缓冲液　　　　　　　　　　D. 平板计数琼脂

2.（　　）不是大肠菌群检验发酵法的步骤。

A. 初发酵　　　　　B. 伊红美蓝试验　　　C. 平板计数　　　　　D. 复发酵

三、简答题

1. 简述大肠菌群的定义。

2. 简述大肠菌群计数法的报告方式。

四、思考题

大肠菌群计数法检验的步骤有哪些？

单元测试题答案

一、判断题

1. √　　2. ×

二、单项选择题

1. D　　2. C

三、简答题

1. 答：大肠菌群是指一群能发酵乳糖、产酸产气、需氧和兼性厌氧的革兰氏阴性无芽孢杆菌。

2. 答：当用 MPN/100 g（mL）判定时应采用 GB/T 4789.3—2003 标准检验，当用 MPN/g（mL）判定时则应采用 GB 4789.3—2010 标准检验。

学习单元3　食品加工环节卫生检验

学习目标

学习和掌握食品加工环节卫生检验的技术。

了解食品加工环节卫生检验的意义。

熟悉食品加工环节的关键点和危害控制点。

掌握食品加工环节卫生检验样品的采集方法和检测方法。

能够进行食品加工环节的微生物检验。

知识要求

食品加工环节卫生检验包括加工设备、接触器具和加工人员手及空气环境的卫生检验。在食品生产过程中，为防止与减少食品成品的二次污染、保障食品安全，对食品生产设备、加工器具和加工人员及空气的卫生状态进行定期的检测，是食品微生物检验的一项重要内容。

一、设备和材料

检验的设备和材料主要有高压蒸汽灭菌锅、电炉、恒温培养箱、冰箱、恒温水浴锅、天平、酒精灯、无菌吸管（1 mL、10 mL）、无菌试管、无菌小倒管、试管架、接种环、无菌稀释瓶或三角烧瓶、烧杯、无菌平皿、无菌刀或剪子、镊子、勺子等。

二、培养基和试剂

1. 平板计数琼脂培养基
按成品培养基使用方法正确配制，灭菌后备用。

2. 结晶紫中性红胆盐琼脂（VRBA）
结晶紫中性红胆盐琼脂配制方法见表2—46。

表 2—46　　　　　　　　　　结晶紫中性红胆盐琼脂配制方法

成分	用量	制法
蛋白胨	7.0 g	
酵母膏	3.0 g	
乳糖	10.0 g	
氯化钠	5.0 g	将所需成分溶于蒸馏水中，静置几分钟，充分搅拌，调节 pH 值至 7.4±0.1。煮沸 2 min，将培养基冷却至 45～50℃倾注至平板。应使用前临时制备，储存不得超过 3 h
胆盐或 3 号胆盐	1.5 g	
中性红	0.03 g	
结晶紫	0.002 g	
琼脂	15～18 g	
蒸馏水	1 000 mL	

3. 煌绿乳糖胆盐（BGLB）肉汤
煌绿乳糖胆盐（BGLB）肉汤配制方法见表2—47。

表 2—47　　　　　　　　　煌绿乳糖胆盐（BGLB）肉汤配制方法

成分	用量	制法
乳糖	10.0 g	将蛋白胨、乳糖溶于约 500 mL 蒸馏水中，加入牛胆粉溶液 200 mL（将 20.0 g 脱水牛胆粉溶于 200 mL 蒸馏水中，调节 pH 值至 7.0～7.5），用蒸馏水稀释到 975 mL，调节 pH 值，再加入 0.1%煌绿水溶液 13.3 mL，用蒸馏水补足到 1 000 mL，用棉花过滤后，分装到有玻璃小倒管的试管中，每管 10 mL。121℃高压蒸汽灭菌 15 min
蛋白胨	10.0 g	
牛胆粉（oxgall 或 oxbile）溶液	200 mL	
0.1%煌绿水溶液	13.3 mL	
蒸馏水	800 mL	

4. 无菌 0.85%生理盐水

三、采集方法

食品加工环节卫生检验样品的采集方法有冲洗法、表面擦拭法、沉降法。

1. 冲洗法

用一定量无菌生理盐水反复冲洗与食品接触的容器和设备表面，用倾注法检查此冲洗液中的菌落总数，必要时进行大肠菌群或致病菌的检验。

2. 表面擦拭法

表面擦拭法可对设备表面的微生物进行检验，一般是用刷子刷洗法或棉签擦拭法。

（1）刷子刷洗法。将无菌刷子在无菌溶液中沾湿，反复刷洗设备表面 200～400 cm² 的面积，把刷子放入盛有 200 mL 无菌生理盐水的容器中，进行充分洗涤，将此含菌溶液进行微生物检验。

（2）棉签擦拭法。采样时若所采表面干燥，则用无菌稀释液湿润棉签后擦拭；若表面有水，则用干棉签擦拭。擦拭后立即将拭子棒插入装有稀释液的容器中。

1）工作台面、机械设备表面或加工器具。用浸有无菌生理盐水的棉签在被检物体表面（取与食品直接接触或有一定影响的表面）取 25 cm² 的面积，在其内涂抹 10 次，将棉签放入含 10 mL 无菌生理盐水的采样管内搅动数次，挤出多余水分，切断拭子棒杆，封好试管，送检。

2）操作人员手面。被检人五指并拢，用浸湿生理盐水的棉签在右手指曲面，从指尖到指根来回涂擦 10 次，将棉签放入含 10 mL 无菌生理盐水的采样管内搅动数次，挤出多余水分，切断拭子棒杆，封好试管，送检。

 相关链接

1. 采样用具必须无菌，只在采样时打开。

2. 样品在采样后 3 h 内完成检验。

3. 清洁消毒或加工前后各取一份样品，对卫生管理的评估更有帮助。

3. 沉降法

主要用于空气检测，通常以每米^{3}中菌落总数的多少来表示，只有在特殊情况下才进行病原微生物的检验。

四、检测方法

食品加工环节卫生检验在接种前要充分振摇有拭子棒的试管，菌落总数与大肠菌群按常规的检验方法进行检测。

1. 菌落总数检验

（1）样液稀释。将放有拭子棒的试管充分振摇。此液为 1 ∶ 10 样品匀液。如污染严重，可 10 倍递增稀释，吸取 1 mL 1 ∶ 10 样液加入 9 mL 无菌生理盐水中，混匀，此液为 1 ∶ 100 样品匀液。

（2）以无菌操作，选择 2～3 个稀释度，各取 1 mL 样液分别注入无菌平皿内，每个稀释度做两个平皿（平行样），将已融化冷却至 45℃ 左右的平板计数琼脂培养基倾入平皿，每皿 15～20 mL，充分混合。

（3）待琼脂凝固后，将平皿翻转，置于 36℃±1℃ 培养箱内培养 48 h±2 h 计数。

（4）物体表面涂抹菌落总数计算方式。菌落计数与计算方法参见"本节学习单元 1 菌落总数测定"。

（5）结果报告。报告每 25 cm² 食品接触表面中或每只手的菌落数。

（6）参考标准值（GB 15979—2002《一次性使用卫生用品卫生标准》）。工作台面菌落总数为 ≤20 CFU/cm²（换算成 25 cm² 则为 ≤500 CFU/25cm²）；操作人员手为 ≤300 CFU/只手。

2. 大肠菌群检验

（1）平板计数法

1）以无菌操作，选择 2～3 个稀释度，各取 1 mL 样液分别注入无菌平皿内，每个稀释度做两个平皿（平行样），将已融化冷却至 45℃ 左右的结晶紫中性红胆盐琼脂（VRBA）培养基倾入平皿，每皿 15～20 mL，充分混合。待琼脂凝固后，再覆盖一层培养基，3～5 mL。

2）待琼脂凝固后，将平皿翻转，置于 36℃±1℃ 培养箱内培养 24 h 后计数。

3）结果计算。选取紫红色周围有胆汁沉淀环的菌落计数，乘以稀释倍数得出最终结果。

4）结果报告。报告每 25 cm² 食品接触表面中或每只手的大肠菌群数。

（2）MPN 计数法

1）初发酵。以无菌操作，选择 3 个稀释度，各取 1 mL 样液分别接种到 LST 肉汤培养基中，每个稀释度接种三管。置 LST 肉汤管于 36℃±1℃培养箱中培养 24～48 h。记录所有产气的 LST 肉汤管的管数。

2）复发酵。用接种环从产气的 LST 肉汤管中分别取培养物 1 环，移种于 BGLB 管中，置于 36℃±1℃培养箱中培养 24～48 h。记录所有 BGLB 肉汤管的产气管数。

3）结果报告。按 BGLB 肉汤管产气管数，查 MPN 表，报告每 25 cm² 食品接触表面中或每只手的大肠菌群数值。

（3）定性法

1）初发酵试验。将采样后的拭子棒直接插入装有 10 mL 单料乳糖胆盐发酵管内，以 36℃培养 24 h，做初步发酵试验。不产气，则报告大肠菌群阴性；产气，即进入下一步试验。

2）分离培养。将产气的发酵管分别划线接种在伊红美蓝琼脂平板上，置于 36℃±1℃恒温培养箱内培养 18～24 h。取出后，观察培养结果。若无菌落生长，则报告大肠菌群阴性；若有可疑或典型菌落生长，需做革兰氏染色和证实试验。

3）证实试验。在上述 EMB 平板上挑取可疑大肠菌群菌落 1～2 个进行革兰氏染色，同时接种乳糖发酵管，置于 36℃±1℃恒温培养箱内培养 24 h±2 h，观察产气情况。凡乳糖发酵管产气、革兰氏染色为阴性无芽孢杆菌，即可报告为大肠菌群阳性；反之，则报告大肠菌群阴性。

3. 卫生评价参考标准

清洁消毒效果评价：消毒后原有菌落总数减少 60％以上为合格，减少 80％以上为效果良好。

 技能要求

食品生产中操作人员手的菌落总数测定

依据国家标准 GB 4789.2—2010《食品安全国家标准　食品微生物学检验菌落总数测定》测定操作人员手的菌落总数。

操作准备

1. 设备和材料

（1）随机抽取生产过程中一名操作人员的手进行采样。

（2）设备和材料见表 2—48。

表 2—48   设备和材料

设备和材料	规格与要求	数量
高压蒸汽灭菌锅	115℃/121℃	1台
恒温培养箱	36℃±1℃	1台
冰箱	0~4℃	1台
恒温水浴锅	—	1台
天平	精确度0.1 g	1台
酒精灯	—	1个
棉签	长20 cm	若干
三角烧瓶	容量为500 mL	1个
无菌试管	18×180（mm×mm）	10支
无菌吸管	1 mL	5支
无菌平皿	直径为90 mm	8个
试管架	放18×180（mm×mm）的试管	1个
玻璃烧杯	500 mL 或1 000 mL	1只
洗耳球	30 mL	1只
橡胶乳头	1 mL	1只
剪刀	医用	1把

2. 培养基和试剂

（1）平板计数琼脂培养基。按成品培养基使用方法正确配制，灭菌后备用。

（2）0.85％生理盐水。

（3）75％酒精棉球。

操作步骤

步骤1 操作人员手面采样

被检人五指并拢，用浸湿生理盐水的棉签在右手指曲面，从指尖到指根来回涂擦10次，将棉签放入含10 mL无菌生理盐水的采样管内搅动数次，挤出多余水分，切断拭子棒杆，封好试管，送检。

步骤2 平皿稀释度标识

准备6个无菌平皿，分别进行 10^{-1}、10^{-2}、空白标识，各标识两套，并记录样品编号。

步骤3 稀释与接种

样液稀释：将放有拭子棒的试管充分振摇，此液为1：10样品匀液。吸取1 mL 1：10样液加入9 mL无菌生理盐水中，混匀，此液为1：100样品匀液。

接种：以无菌操作，选择两个稀释度，各取1 mL样液分别注入无菌平皿内，每个稀释度做两个平皿（平行样），同时，各取1 mL无菌生理盐水分别注入两个无菌平皿内作对照。

步骤4 倾注培养

将已融化冷却至45℃左右的平板计数琼脂培养基倾入平皿，每皿15～20 mL，充分混合。待琼脂凝固后，将平皿翻转，置于36℃±1℃恒温培养箱中培养48 h±2 h计数。

步骤5 菌落计数与计算方法

假如本次样品测定结果是：10^{-1}稀释度是259 CFU、248 CFU；10^{-2}稀释度是31 CFU、29 CFU。空白平皿无菌生长。则计算结果为：

$$N = \sum C/(n_1 + 0.1n_2)d = (259 + 248 + 31)/(2 + 0.1 \times 1) \times 10^{-1} = 2\,562$$

步骤6 填写原始记录

选用设备见表2—49，试验记录见表2—50，表中斜体部分是检验后填写的记录内容。

表2—49　　　　　　　　　　选用设备

选用设备、设备编号及计量状态	培养基、试剂名称
恒温培养箱，设备编号：*HPY—18*，计量有效期至*2013年12月20日* 恒温水浴锅，设备编号：*HSY—5*，计量有效期至*2013年12月20日*	平板计数琼脂培养基、无菌*0.85%*生理盐水

表2—50　　　　　　　　　　试验记录表

样品名称	环节卫生		检验方法依据	*GB 4789.2—2010*	
样品编号	赵敏的右手		采样地点	饼干包装间	
检验结果记录					
菌落总数（CFU）					
稀释度	10^{-1}		10^{-2}	10^{-3}	空白测定
菌落数	*259*	*248*	*31*	*29*	/	/	*0*	*0*
菌落平均值	*254*		*30*		/	*0*
检验结果	*2 600 CFU/只手*				

判定标准	操作人员手应≤300 CFU/只手
结果判定	□ 符合　☑不符合
培养条件	温度：36℃±1℃　时间：48 h±2 h
备注	/

检测人：张丽丽　　　　　　　　　　　检测日期：2013 年 6 月 20 日

单元测试题

一、判断题

1. 清洁消毒效果评价：消毒后原有菌落总数减少 30％以上为合格，减少 50％以上为效果良好。（　　）

2. 食品加工环节卫生检验包括加工设备、接触器具和加工人员手及空气环境的卫生检验。（　　）

二、单项选择题

1. （　　）不是食品加工环节卫生检验样品的采集方法。

A. 稀释法　　　　　　B. 冲洗法　　　　　　C. 表面擦拭法　　　D. 沉降法

2. （　　）不是煌绿乳糖胆盐（BGLB）肉汤的成分。

A. 蛋白胨　　　　　　B. 乳糖　　　　　　　C. 结晶紫　　　　　D. 牛胆粉

三、简答题

1. 简述操作人员手的采样方法。

2. 简述操作人员手菌落总数结果报告方式。

四、思考题

简述食品加工环节大肠菌群检验方法。

单元测试题答案

一、判断题

1. ×　　2. √

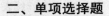

二、单项选择题

1. A   2. C

三、简答题

1. 答：被检人五指并拢，用浸湿生理盐水的棉签在右手指曲面，从指尖到指根来回涂擦 10 次，将棉签放入含 10 mL 无菌生理盐水的采样管内搅动数次，挤出多余水分，切断拭子棒杆，封好试管，送检。

2. 答：报告每只手的菌落数。

第 3 章

检验结果分析

第 1 节 数 据 处 理

 学习单元 1 法定计量单位

 学习目标

了解法定计量单位的定义。

熟悉法定计量单位的组成。

掌握食品检验中计量单位的换算。

 知识要求

1984 年，国务院发布了《关于在我国统一实行法定计量单位的命令》，并颁布了《中华人民共和国法定计量单位》。通过本单元的学习，了解我国的法定计量单位组成和食品检验中常用的计量单位，使食品检验员在日常工作中能正确运用计量单位，保证检验的质量。

一、法定计量单位的概念

1. 法定计量单位的定义

法定计量单位是指国家以法令的形式，明确规定并且允许在全国范围内统一实行的计量单位。

2. 法定计量单位的组成

法定计量单位是以国际单位制（SI）单位为基础，保留了少数其他计量单位组合而成的。它包括 SI 的基本单位、辅助单位、导出单位和词头。同时选用了一些国家选定的非国际单位制单位及上述单位构成的组合形式的单位。

我国的法定计量单位（以下简称法定单位）包括 7 个国际单位制的基本单位，见表 3—1。

表 3—1   国际单位制的基本单位

量的名称	单位名称	单位符号
长度	米	m
质量	千克（公斤）	kg
时间	秒	s
电流	安（培）	A
热力学温度	开（尔文）	K
物质的量	摩（尔）	mol
发光强度	坎（德拉）	cd

二、法定计量单位在食品检验中的正确使用

1. 食品检验中常用的计量单位

9 个食品检验中常用的计量单位，见表 3—2。

表 3—2   食品检验中常用的计量单位

量的名称	单位名称	单位符号
物质的量	摩尔	mol
物质的量浓度	摩尔每升	mol/L
密度	克每厘米^3	g/cm^3
长度	米、厘米、毫米	m、cm、mm
体积	升、毫升	L、mL
时间	小时、分、秒	h、min、s
质量	千克、克、毫克、微克	kg、g、mg、μg
压力	帕	Pa
温度	摄氏度	℃

2. 法定计量单位和词头的使用规则

（1）法定计量单位的名称和符号必须作为一个整体使用，不得拆开。如 20℃ 或 20 摄氏度不应写成或读成"摄氏 20 度"。

（2）用词头构成倍数单位时，不得重复使用词头，如毫微克。

（3）表示小于 10^6 的词头符号字母用小写体，大于等于 10^6 的用大写体。如 10^3 的词头用 k，10^6 的词头用 M。

3. 计量单位的换算

食品检验中常用的质量单位有千克（kg）、克（g）、毫克（mg）、微克（μg）、纳克（ng）。

换算关系：1 kg＝1 000 g，1 g＝1 000 mg，1 mg＝1 000 μg，1 μg＝1 000 ng。

食品检验中常用的体积单位有升（L）、毫升（mL）。

换算关系：1 L＝1 000 mL。

单元测试题

一、判断题

1. 我国使用的计量单位全部采用国际制单位。   （   ）

2. 在食品检验中使用的单位，包括非国家法定计量单位。   （   ）

二、单项选择题

1. 下列质量单位换算正确的是（   ）。

A. 1.55 kg＝15 500 g   B. 1.55 g＝155 mg

C. 1.55 g＝1 550 mg   D. 1.55 g＝1 550 μg

2. 食品检验中常用的质量单位有千克、克、毫克和（   ）。

A. 毫升   B. 吨   C. 磅   D. 微克

三、简答题

1. 简述法定计量单位的定义。

2. 食品检验中常用的计量单位有哪些？

四、思考题

我国的法定计量单位是否就是国际制单位。

单元测试题答案

一、判断题

1. ×   2. √

二、单项选择题

1. C   2. D

三、简答题

1. 答：法定计量单位是指国家以法令的形式，明确规定并且允许在全国范围内统一实行的计量单位。

2. 答：食品检验常用的计量单位有摩尔、摩尔每升、克每厘米^3、米、厘米、毫米、升、毫升、小时、分、秒、千克、克、毫克、微克、帕、摄氏度。

 学习单元 2 误差

 学习目标

了解误差的来源。

熟悉误差的分类。

掌握绝对误差和相对误差的计算。

 知识要求

误差是指测定值与真实值之差。它是一个具有确定符号的量值，或正或负。如果在检测过程中控制或消除了各种误差，就能取得准确的检验结果。

一、误差来源

根据误差定义，任何变因只要与测量目的无关，并使结果不准确、不一致，便可认为是一种误差因素。误差在日常检测中无处不在、无处不有。如检测过程中样品的性质、检测方法、环境温湿度、称样、滴定管的读数和仪器设备的显示值等，都会产生误差。

二、误差分类

根据产生误差的原因，可分为随机误差和系统误差两类。

1. 随机误差

随机误差是由于一些偶然的外因所引起的误差，产生的原因往往是不固定的、未知的，其大小是不可测的。这类误差的来源往往一时难以察觉，可能由于检测环境的温度和湿度的波动、仪器参数的偏离、检验员对检验样品处理不一致等而产生。

2. 系统误差

系统误差是指在重复性条件下，对同一被测量进行无限多次测量所得结果的平均值与被测量的真实值之差。在检测过程中系统误差按一定规律重复出现，它的大小是可测的。在食品检验过程中，砝码未校正、试剂不纯、检验员对滴定终点读取的习惯等都将产生系统误差。

三、误差的表示方式

误差通常用绝对误差和相对误差来表示。

1. 绝对误差

绝对误差是指某特定量的给出值和真实值的差值。

用公式表示为：

$$E = X - \mu$$

式中　E——绝对误差；

　　　X——测量值；

　　　μ——真实值。

如某食品中的灰分测定值为 13.3%，真实值为 13.9%，计算绝对误差。

$$E = X - \mu = 13.3\% - 13.9\% = -0.6\%$$

2. 相对误差

相对误差是指某特定量的绝对误差与真实值的比。

$$E' = (X - \mu) \times 100\% / \mu$$

如某食品中水分的测定值为 80.35%，假设其真实值为 80.39%，计算相对误差。

$$E' = (X - \mu) \times 100\% / \mu = (80.35\% - 80.39\%) \times 100\% / 80.39\% = -0.05\%$$

单元测试题

一、判断题

1. 误差在日常检测中到处都存在。　　　　　　　　　　　　　　　　（　　）

2. 绝对误差可以用来比较不同测量结果的可靠程度。　　　　　　　　（　　）

二、单项选择题

1. 误差通常用绝对误差和（　　）来表示。

A. 相对误差　　　　　B. 系统误差　　　　　C. 仪器误差　　　　　D. 相对相差

2. 误差是（　　）。

A. 一个区间

B. 既可以是一个差值，也可以是一个区间

C. 一个差值

D. 以上都正确

三、简答题

1. 什么是误差?

2. 什么是相对误差?

四、思考题

如何减少食品检验中的误差?

单元测试题答案

一、判断题

1. √   2. ×

二、单项选择题

1. A   2. C

三、简答题

1. 答：误差就是测定值与真实值之差。

2. 答：相对误差是某特定量的绝对误差在真实值中所占的比率。

第 2 节　原 始 记 录

 学习单元 1　原始记录的内容和要求

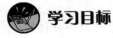 **学习目标**

了解原始记录的内容。

熟悉原始记录的保存。

掌握原始记录的填写要求。

 **知识要求**

记录是食品检验的一个关键要素，是记载检验过程状态和过程结果的文件，是一种客观证据。记录必须包含足够的信息。根据这些信息可以在接近原来的情况下复现检测活动并识别出产生不确定度的影响因素。

一、原始记录的定义与分类

1. 记录的定义

记录是为阐明所取得的结果或提供所完成活动证据的重要文件。它可用于为可追溯性、验证、预防措施和纠正措施提供证据。原始记录是在试验过程中及时填写的记录。

2. 记录的分类

根据实验室认可准则将记录分成质量记录和技术记录两种。在食品检验中，测定食品中水分、灰分、氯化钠含量、pH 值等项目所填写的原始记录都属于技术记录。

二、原始记录的通用要求与内容

1. 原始记录的通用要求

检测原始记录是检测活动的见证性文件，是出具检测报告的唯一依据。原始记录应具有时效性、可追溯性、真实性。

食品生产企业应当建立进货查验记录制度，如实记录食品原料、食品添加剂、食品相关产品的名称、规格、数量、供货者名称及联系方式、进货日期等内容。

2. 原始记录的内容

原始记录必须包含足够的信息，以保证其检测活动能够再现。原始记录内容可包括：样品名称、样品数量、取样日期、检验日期、所用设备、环境温度、湿度、抽样人员、检验依据、使用试剂、检验过程数据、计算公式与结果、标准值与判定值、单项检验结论、检验人员和校核人员等。

三、原始记录的填写要求

1. 原始记录的填写

食品检测员必须按照做有痕、追有踪、查有据的总体要求填写原始记录，具体要求如下：

（1）原始记录必须在检验过程中现场填写，不允许在工作完成后补写。

（2）填写必须准确。所谓准确是指用词、计算、有效位数、计量单位规范。

2. 原始记录的更改

食品检验中的原始记录不得随意删除、修改或增减数据。如原始记录填写出现差错时，应遵循记录的更改原则并采用"杠改法"。被更改的原记录内容仍需清晰可见，不允许消失，在被更改内容的附近，应有更改人签名。电子存储记录更改也必须遵循记录的更改原则，以免原始数据丢失或改动。

四、原始记录的保存

1. 原始记录保存的标识要求

原始记录应有唯一的识别号码。食品生产企业应当制定原始记录管理的程序文件，对原始记录编制、填写、更改、标识、收集、检索等环节的职责、要求等予以明确。原始记录的时效性要求在起用新的记录格式时，应废除或停用老格式。

2. 原始记录保存的注意事项

原始记录应妥善保管，存取有序。原始记录不可随意销毁或丢弃，应注意安全保护和保密的要求。对电子版的记录也应采取适当的措施，防止数据的丢失或未经批准，有关人员擅自修改数据。食品生产企业应将生产过程中的记录（如原辅料验收记录、半成品、成品检验记录、生产过程控制记录等）进行归档、储存、维护和清理。

3. 原始记录的保存期限

原始记录保存期限一般不得少于3年，对国家、行业有相关管理规定或有重要价值的检测原始记录可适当延长保存期限或长期保存。对到保管期限的检测原始记录，档案管理员可提出销毁申请，经单位相关负责人批准后销毁并做好相关的登记。

食品原料、食品添加剂、食品相关产品进货查验记录和食品出厂检验记录应当真实，保存期限不得少于2年。

单元测试题

一、判断题

1. 原始记录可以在试验过程中填写，也可以在试验完成后填写。   （   ）

2. 如果试验数据写错，可以用橡皮擦掉，再写上正确的数值。   （   ）

二、单项选择题

1. 记录通常分为质量记录和（   ）。

A. 原始记录   B. 技术记录

C. 理化记录   D. 微生物记录

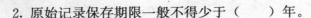

2. 原始记录保存期限一般不得少于（　　　）年。

A. 1　　　　　　　　B. 2　　　　　　　　C. 3　　　　　　　　D. 5

三、简答题

1. 简述原始记录的填写要求。

2. 简述原始记录保存的注意事项。

四、思考题

原始记录应包含哪些内容?

单元测试题答案

一、判断题

1. ×　　　2. ×

二、单项选择题

1. B　　　2. C

三、简答题

1. 答:(1)原始记录必须在检验过程中现场填写,不允许在工作完成后补写。

(2)填写必须准确。所谓准确是指用词、计算、有效位数、计量单位规范。

2. 答:原始记录应妥善保管,存取有序。原始记录不可随意销毁或丢弃,应注意安全保护和保密的要求。

 学习单元2　检验中常用的原始记录

 学习目标

熟悉食品检验中常用的原始记录。

 知识要求

原始记录记录了整个检测过程中所有的信息,必须真实可靠、清晰可见。原始记录的格式必须完整、合理,包含足够的信息,并利用这些信息进行溯源。

一、常见的理化检验原始记录格式

根据理化检验的原始记录要求：必须填写样品名称、检测项目、取样日期、检验日期、所用设备、检验依据、样品质量、稀释倍数、主要试剂名称、试剂浓度、试剂消耗量、计算公式与结果、标准值与判定值、单项检验结论、检验人员和校核人员等内容。不同的检测项目所包含的信息也不一样，因此，原始记录的格式各不相同，常用的原始记录格式有食品中水分的测定（见表3—3）、食品中灰分的测定（见表3—4）、食品中氯化钠的测定（见表3—5）和食品中酸度的测定（见表3—6）。

表 3—3　　　　　　　　　　食品中水分的测定

样品名称		检验依据		
生产日期		生产批次		
仪器名称		仪器编号		
环境温度/湿度（℃/%）		取样/检测日期		
平行试验			1	2
称量瓶质量 m_1（g）　第一次称重				
称量瓶质量 m_1（g）　第二次称重				
样品质量＋称量瓶质量 m_2（g）				
干燥温度：（　　）℃		干燥时间：（　　）h		
称量瓶＋样品干燥后的质量 m_3（g）	第一次称重			
	第二次称重			
水分计算公式：$X = \dfrac{m_2 - m_3}{m_2 - m_1} \times 100$	计算过程			
水分含量 X（　　）				
水分含量平均值（　　）				
相对相差（　　）				
标准值（　　）				
单项检验结果判定			□符合	□不符合

备注：/

检测人：　　　　　　　　　　　　　　检测日期：

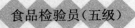 

表 3—4   食品中灰分的测定

样品名称		检验依据	
生产日期		生产批次	
仪器名称		仪器编号	
环境温度/湿度（℃/%)		取样/检测日期	
平行试验		1	2
坩埚质量 m_1（g）第一次称重			
坩埚质量 m_1（g）第二次称重			
样品质量＋坩埚质量 m_2（g）			
灼烧温度：（ ）℃		灼烧时间：（ ）h	
坩埚＋样品灰化后的 质量 m_3（g）	第一次称重		
	第二次称重		
灰分计算公式： $X = \dfrac{m_3 - m_1}{m_2 - m_1} \times 100$	计算 过程		
灰分含量 X（ ）			
灰分含量平均值（ ）			
两次测定绝对差值（ ）			
标准值（ ）			
单项检验结果判定		□ 符合 □不符合	

备注：/

检测人：   检测日期：

表 3—5   食品中氯化钠的测定

项目名称		取样/检测日期	
样品名称		检验依据	
生产日期		生产批次	
仪器名称		仪器编号	
标准溶液名称		标准溶液浓度（mol/L)	$c =$
环境温度/湿度（℃/ %)		检测地点	

平行试验	1	2	空白 V_0（mL）
取样量 m（mL）			
滴定管初读数 V_1（mL）			
滴定管终读数 V_2（mL）			
标液消耗量 V（mL）			
计算公式： $X = \dfrac{(V - V_0) \times c \times 0.058\,5}{m} \times 100$	计算过程		
氯化钠含量（　　）			
氯化钠含量平均值（　　）			
相对相差（　　）			
标准值（　　）			
单项检验结果判定		□符合	□不符合
备注			

检测人：　　　　　　　　　　　检测日期：

表 3—6　　　　　　　　　　　　**食品中酸度的测定**

项目名称		取样/检测日期	
样品名称		检验依据	
生产日期		生产批次	
仪器名称		仪器编号	
标准溶液名称		标准溶液浓度 （mol/L）	$c =$
环境温度/湿度（℃/%）		检测地点	
平行试验	1	2	空白 V_0（mL）
取样量 m（g）			
滴定管初读数 V_1（mL）			
滴定管终读数 V_2（mL）			
标液消耗量 V（mL）			

续表

计算公式：$X = \dfrac{(V - V_0) \times c}{m} \times 1\,000$	计算过程	
酸度测定值 X（　　）		
酸度测定平均值（　　）		
两次独立测定结果的绝对差值（　　）		
标准值（　　）		
单项检验结果判定	□符合　　□不符合	
备注	/	

检测人：　　　　　　　　　　　　检测日期：

二、常规的微生物检验原始记录格式

微生物检验的原始记录要求是必须填写样品名称、样品数量、取样日期、检验日期、所用设备、检验依据、培养基、试剂、培养条件（包括时间、温度）、计算公式与结果、标准值与判定值、单项检验结论、检验人员和校核人员等内容。常用的原始记录格式有菌落总数测定原始记录（见表3—7）、大肠菌群计数原始记录（见表3—8）。

表3—7　　　　　　　　　　　　　菌落总数测定原始记录

选用设备、设备编号及计量状态		培养基、试剂名称	
样品名称		检验方法依据	
样品编号		样品状态	
样品数量		检验地点	

检验结果记录

1 mL（g）内菌落总数（CFU）									
稀释度								空白测定	
菌落数									
菌落平均值									
检验结果									
结果判定		□符合			□不符合				
培养条件		温度：			时间：				
判定标准									

备注：/

检验人员：　　　　　　　　　　　检验日期：

表3—8　　　　　　　　　　大肠菌群计数原始记录

选用设备、设备编号及计量状态	培养基、试剂	
样品名称	检验方法依据	
样品编号	样品状态	
样品数量	检验地点	

检验结果记录

接种量	初发酵结果	伊红美蓝琼脂平板	复发酵结果	阳性管数
10 mL				
1 mL				
0.1 mL				
0.01 mL				
检验结果：		结果判定：□符合　□不符合		
判定标准				
备注				

检验人员：　　　　　　　　　　　检验日期：

单元测试题

一、判断题

1. 测定固体样品的 pH 值时，原始记录中必须包含样品稀释方法的相关信息。（   ）

2. 微生物原始记录的填写内容与理化原始记录的填写内容一致。   （   ）

二、单项选择题

1. 测定罐头食品的 pH 值时，原始记录中必须包含（   ）的仪器型号、仪器编号、计量状态等内容。

A. pH 计   B. 电导仪   C. 漩涡振荡器   D. 以上都是

2. GB 4789.3—2010 中大肠菌群计数（第一法）液体样品原始记录的单位是（   ）。

A. MPN/100 mL   B. CFU/g   C. MPN/mL   D. MPN/g

三、简答题

1. 简述理化检验原始记录的要求。

2. 简述微生物检验原始记录的要求。

四、思考题

尝试设计理化或微生物检验的原始记录。

单元测试题答案

一、判断题

1. √   2. ×

二、单项选择题

1. A   2. C

三、简答题

1. 答：必须填写样品名称、检测项目、取样日期、检验日期、所用设备、检验依据、样品质量、稀释倍数、主要试剂名称、试剂浓度、试剂消耗量、计算公式与结果、标准值与判定值、单项检验结论、检验人员和校核人员等内容。

2. 答：必须填写样品名称、样品数量、取样日期、检验日期、所用设备、检验依据、培养基、试剂、培养条件（包括时间、温度）、计算公式与结果、标准值与判定值、单项检验结论、检验人员和校核人员等内容。

职业技能鉴定考核简介

食品检验工（五级）的鉴定方式分为理论知识考试和操作技能考核。理论知识考试采用闭卷计算机机考方式，操作技能考核采用现场实际操作方式。理论知识考试和操作技能考核均实行百分制，成绩皆达60分及以上者为合格。

一、理论知识鉴定组卷方案（90 min）

题型	考试方式	鉴定题量	分值	配分
判断题	闭卷	60	0.5分/题	30
单项选择题	机考	70	1分/题	70
合计	—	130	—	100

二、操作技能鉴定组卷方案

项目名称　　　　　鉴定方式	考核方式	题库量	鉴定题量	配分（分）	考核时间（min）
样品检验	操作	20	1	100	180
合计	—	20	1	100	180

知识考试模拟试卷（一）

一、判断题（将判断结果填入括号中。正确的填"√"，错误的填"×"。每题 0.5 分，共 30 分）

1. 食品包括以治疗为目的的物品。 （ ）

2. 食品质量检验是研究各种食品组分成分的检测方法和有关理论，进行评定食品品质的一门技术性科学。 （ ）

3. 食品营养成分与添加剂的分析都属于食品检验的内容。 （ ）

4. 食品生产经营人员每两年进行一次健康检查，取得健康证明后方可参加工作。

（ ）

5. 食品安全管理制度有食品销售卫生制度、从业人员健康检查制度、从业人员食品安全知识培训制度等。 （ ）

6. 检验人员要做到"科学求实、公平公正，程序规范、注重实效，秉公检测、严守秘密"。 （ ）

7. 检验食品样品的色泽，使用的是味觉检验方法。 （ ）

8. 芽孢是细菌最基本的结构。 （ ）

9. 移液管有分刻度线直管型和单刻度线大肚型两种。 （ ）

10. 显微镜的构造包括光学系统和影像装置两大部分。 （ ）

11. 理化分析是研究确定物质组成的分析方法和有关结构的科学。 （ ）

12. 反映食品中微生物综合污染程度的指示菌有菌落总数、霉菌、酵母。 （ ）

13. 培养箱内可放入一只装水容器，以维持箱内湿度和减少培养物中的水分大量蒸发。

（ ）

14. 不断加温，可以加快细菌的生物化学反应速率和细菌的生长速度。 （ ）

15. 可用酒精擦拭显微镜的镜头和支架。 （ ）

16. 用于微生物检验所采集的样品必须有代表性，按检验目的采取相应的采样方法。

（ ）

17. 微生物检验采样后的样品应及时送实验室检测。如路途遥远，应采取措施尽可能保持样品中原有的微生物状态不发生改变。 （ ）

18. 通过空白试验可以消除由于试剂不纯或试剂干扰等所造成的误差。 （ ）

19. 染色的基本步骤为涂片→固定→干燥→染色。　　　　　　　　　　　（　　）

20. 液体样品进行大肠菌群计数检验时不用稀释，可直接加入初发酵管。　（　　）

21. 微生物实验室的墙壁和地面没有特殊要求。　　　　　　　　　　　　（　　）

22. 当无菌室霉菌较多时可用 75％的酒精溶液消毒。　　　　　　　　　（　　）

23. 无菌室备用的开瓶器、金属勺、镊子、剪刀、接种针、接种环，每次使用前后均应在火焰上灼烧灭菌。　　　　　　　　　　　　　　　　　　　　　　（　　）

24. 培养基通常指天然形成的适合微生物生长繁殖或积累代谢产物的营养物质。

　　　　　　　　　　　　　　　　　　　　　　　　　　　　　　　　　（　　）

25. 制备营养琼脂平板不需调节 pH 值。　　　　　　　　　　　　　　　（　　）

26. 根据培养基的目的用途可分为固体培养基、半固体培养基和液体培养基三类。

　　　　　　　　　　　　　　　　　　　　　　　　　　　　　　　　　（　　）

27. 菌落总数所得结果只包含一种能在营养琼脂上生长的嗜中温需氧菌的菌落总数，并不表示样品中实际存在的所有细菌的菌落总数。　　　　　　　　　　　（　　）

28. 液体样品检验菌落总数时需在稀释液的锥形瓶中放置玻璃珠。　　　　（　　）

29. 指示剂在培养基中的作用是便于了解和观察细菌是否利用和分解糖类等物质。

　　　　　　　　　　　　　　　　　　　　　　　　　　　　　　　　　（　　）

30. 分离培养是指将混有多种微生物的培养物或标本中不同的微生物，接种于培养基使其分散生长，形成单个菌落或单一菌株。　　　　　　　　　　　　　（　　）

31. 直接干燥法测定水分时，半固体和液体样品直接称在铝皿中，放入烘箱中干燥。

　　　　　　　　　　　　　　　　　　　　　　　　　　　　　　　　　（　　）

32. 直接干燥法测定水果和蔬菜的水分时，应先洗去泥沙，用纱布吸干表面水分，再粉碎备样。　　　　　　　　　　　　　　　　　　　　　　　　　　　（　　）

33. 直接干燥法测定水分时，m_1 为称量瓶和样品的质量，m_2 为称量瓶和样品干燥后的质量，m_3 为称量瓶的质量，$m_1 - m_2 - m_3$ 则为水分含量。　　　　　（　　）

34. 减压干燥法测定水分时，样品干燥后，烘箱内压力恢复至常压后，才能打开烘箱门，取出样品。　　　　　　　　　　　　　　　　　　　　　　　　　（　　）

35. 测定腌腊肉制品的食盐含量时，试样中食盐可以采用炭化浸出法或灰化浸出法测定。　　　　　　　　　　　　　　　　　　　　　　　　　　　　　　（　　）

36. 减压干燥法测定味精等样品的水分时，仪器设备可用恒温干燥箱替代。（　　）

37. 测定食品中灰分时，样品灰化过程中不需要反复灼烧，直至坩埚恒重的过程。

　　　　　　　　　　　　　　　　　　　　　　　　　　　　　　　　　（　　）

38. 食品的氯化钠测定中，用硝酸银标准溶液滴定试样中的氯化钠，需要用基准试剂

氯化钠标定硝酸银标准溶液。（ ）

39. 酱油中总酸的测定不需要指示剂，以酸度计测定终点。（ ）

40. 样品 pH 值为 6.5～10.5 的样液，移取于 250 mL 锥形瓶中，可直接加蒸馏水 50 mL 和 1 mL 5％铬酸钾指示剂，用 0.1 mol/L AgNO₃ 滴定。（ ）

41. 食品 pH 值测定中，需要使用温度调节器对缓冲溶液及样液进行温度调节。（ ）

42. 测定食品中氯化钠含量的直接滴定法——硝酸银标准溶液滴定法的计算公式中，0.058 44 表示与 1 mL 硝酸银标准滴定溶液 [c（AgNO₃）＝1.000 mol/L] 相当的氯化钠的质量数值。（ ）

43. 食品中总酸的测定，样品滤液中加入酚酞指示剂，用氢氧化钠标准溶液滴定至溶液无色，记录数值。（ ）

44. 电导率仪使用后，仪器和电极需要保存在干燥的地方，电极的引线则不需要干燥保存。（ ）

45. 电导率仪在使用中，当电极不用时，应浸没在氯化钾饱和溶液中。（ ）

46. 0.136 L 等于 136 mL。（ ）

47. 在加减运算中，结果的保留应以有效数字位数最少的数据为根据。（ ）

48. "千克"是表示质量的单位名称，其单位符号为"kg"。（ ）

49. 在分析测定中，有效数字就是能够具体测量到的数字。有效数字表示数字的有效意义。（ ）

50. 指定修约间隔为 1，是指将数值修约到"个"位数。（ ）

51. 原始记录可表述为阐明所取得的结果或提供所完成的活动的证据的一种文件。（ ）

52. 原始记录应有唯一性识别号码。（ ）

53. 水分测定时，由于空的称量瓶干燥后第一次称重的数据不参与结果计算，所以无须记录。（ ）

54. 食品相关产品出厂检验记录应当真实，保存期限不得少于一年。（ ）

55. 绝对误差是有正号或负号的量值。（ ）

56. 所拟舍弃的数字，若为两位以上数字时，可以连续进行多次修约。（ ）

57. 极限数值只能通过给出最小极限值和（或）最大极限值的方式表达。（ ）

58. 采用修约值比较法将测定值或其计算值进行修约时，修约位数需比标准的极限值书写位数多一位。（ ）

59. 原始记录设计的内容必须满足信息足够的原则。（ ）

60. 测定固体样品的 pH 值时，原始记录中必须包含样品稀释方法的相关信息。

（　　）

二、单项选择题（选择一个正确的答案，将相应的字母填入题内的括号中。每题 1 分，共 70 分）

1. 食品不包括（　　）。

A. 食品原料　　　　　B. 食品半成品　　　　C. 婴幼儿辅料食品　　D. 烟草

2. 食品检验的任务不包括（　　）。

A. 市场需求量的研究

B. 依据物理、化学、生物化学等学科的基础理论对食品的各类指标进行检测

C. 依据国家食品卫生标准，运用现代科学技术和分析手段，对食品的各类指标进行检测

D. 通过对食品的各类指标进行检测，以保证产品质量合格。

3. 食品检验的内容不包括食品的（　　）分析。

A. 污染物成分　　　B. 添加剂残留　　　　C. 营养成分　　　D. 价格

4. （　　）是质量检验作用之一。

A. 预防不合格产品的出厂　　　　　B. 产品的微生物检验

C. 对产品进行理化检验　　　　　　D. 产品的营销分析

5. 食品检验的依据包括（　　）。

A. 相关的技术标准　　　　　　　　B. 产品标准

C. 作业规程或订货合同　　　　　　D. 以上都是

6. 不属于食品安全范畴的是（　　）。

A. 食品的安全性　　　　　　　　　B. 食品的经济性

C. 食品的营养性　　　　　　　　　D. 食品的可食性

7. 食品安全的第一责任人是（　　）。

A. 食品生产经营者　　　　　　　　B. 食品流通的承运商

C. 食品的销售者　　　　　　　　　D. 食品的食用者

8. 患有（　　）疾病的人员，可以从事接触直接入口食品的工作。

A. 痢疾　　　　　　　　　　　　　B. 病毒性肝炎

C. 糖尿病　　　　　　　　　　　　D. 活动性肺结核

9. 《中华人民共和国食品安全法》自（　　）起实施。

A. 2003 年 6 月 1 日　　　　　　　B. 2006 年 6 月 1 日

C. 2009 年 6 月 1 日　　　　　　　D. 2011 年 6 月 1 日

10. 以下不属于计量器具的是（　　）。

A. 分析天平　　　　B. 容量瓶　　　　C. 试剂瓶　　　　D. 压力表

11. 食品质量安全市场准入制度包括（　　）。

A. 对食品生产企业实施生产许可证制度

B. 对企业生产的食品实施强制检验制度

C. 对实施食品生产许可制度的产品实行市场准入标志制度

D. 以上都是

12. 按照标准适用范围的不同，我国将标准分为（　　）。

A. 国际标准、国家标准、强制性标准、企业标准

B. 国家标准、行业标准、地方标准、企业标准

C. 国家标准、推荐性标准、地方标准、企业标准

D. 国际标准、行业标准、地方标准、企业标准

13. 食品生产许可证是（　　）。

A. 工业产品许可证制度的一个组成部分

B. 为保证食品的质量安全

C. 由国家主管食品生产领域质量监督工作的行政部门制定并实施的一项旨在控制食品生产加工企业生产条件的监控制度

D. 以上都对

14. 不属于食品安全标准内容的是（　　）。

A. 食品的检验方法和规程

B. 食品的销售

C. 食品检验人员

D. 食品添加剂的品种、使用范围、用量

15. 不属于食品安全标准的是（　　）。

A. 产品标准　　　　　　　　　　B. 企业标准

C. 检验方法标准　　　　　　　　D. 计量标准

16. 产品执行标准是指反映质量特性的全方位产品标准，包括（　　）。

A. 国家标准、行业标准、地方标准或计量标准

B. 行业标准、地方标准、企业标准、工作标准

C. 国家标准、行业标准、地方标准或企业标准

D. 产品标准、检验标准、计量标准、职业标准

17. 《食品卫生检验方法　理化部分　总则》的标准是（　　）。

A. GB/T 5009.1—2003　　　　　　B. GB 4789

C. GB 6683　　　　　　　　　　D. GB/T 601

18. 企业标准应由（　　）批准发布，并至有关部门备案。

A. 企业法人或法人代表授权的主管领导　　B. 企业的技术主管领导

C. 企业的行政主管领导　　　　　　D. 以上都可以

19. 食品检验人员应具备较强的理解、判断和计算能力，无色盲、无（　　）等，以适应食品检验的基本工作要求。

A. 空间感　　　　B. 形体感　　　　C. 表达能力　　　　D. 色弱

20. 检验人员应按照（　　）进行检测，提供准确可靠的检测结果。

A. 工作程序与标准　　B. 规章制度　　C. 产品特性　　D. 质量要求

21. 食品检验的基本步骤为：（　　）和分析结果的记录与处理。

A. 样品的采集　　B. 样品的处理　　C. 样品的分析检测　　D. 以上都是

22. 净含量标示正确的是（　　）。

A. 净含量 750 g　　B. 净含量 750　　C. 净含量 1.5 斤　　D. 750 g

23. 食品中常见病原微生物最适合的生长温度为（　　）℃。

A. 6.5　　　　B. 25　　　　C. 36　　　　D. 55

24. 油脂中酸价测定属于（　　）。

A. 生物分析　　B. 物理分析　　C. 化学分析　　D. 仪器分析

25. 移液管使用时应注意（　　）。

A. 使用后立即洗净　　　　　　B. 应在最高刻度线处调整零点

C. A 和 B　　　　　　　　　D. 使用前需检查是否漏水

26. 可能引起人体或动物发生传染病的致病微生物有（　　）、沙门氏菌、志贺氏菌等。

A. 大肠菌群　　　　　　　　B. 金黄色葡萄球菌

C. 酵母菌　　　　　　　　　D. 枯草芽孢杆菌

27. 配置准确浓度的溶液或稀释溶液应选用（　　）。

A. 试剂瓶　　　　B. 碘量瓶　　　　C. 称量瓶　　　　D. 容量瓶

28. 一般玻璃仪器如试管、烧杯、锥形瓶等，洗涤步骤是（　　）。

A. 用洗液或洗涤剂清洗→用蒸馏水淋洗 2～3 次→用自来水反复冲洗

B. 用蒸馏水淋洗 2～3 次→用洗液或洗涤剂清洗→用自来水反复冲洗

C. 用自来水反复冲洗→用洗液或洗涤剂清洗→用蒸馏水淋洗 2～3 次

D. 用洗液或洗涤剂清洗→用自来水反复冲洗→用蒸馏水淋洗 2～3 次

29. （　　）承载受热容器，使加热均匀。

A. 烧杯　　　　　　　B. 铁架台　　　　　　C. 石棉网　　　　　D. 坩埚

30. 可在电热恒温干燥箱中烘干的是（　　）。

A. 基准 NaCl　　　　B. 丙酮　　　　　　　C. 二氯甲烷　　　　D. 浓 H_2SO_4

31. 高温马弗炉主要用于（　　）的分析检验工作。

A. 灼烧残渣　　　　B. 硫酸灰分　　　　　C. 灰分　　　　　　D. 以上都是

32. 培养箱不应放置在（　　）的场所。

A. 清洁　　　　　　B. 干燥　　　　　　　C. 密闭　　　　　　D. 通风

33. 高压蒸汽灭菌锅的种类有（　　）。

A. 滚筒式和直立式　　　　　　　　　　　B. 卧式和躺式

C. 卧式和直立式　　　　　　　　　　　　D. 躺式和滚筒式

34. 显微镜观察完毕后，用少量（　　）擦去镜头上的残留油迹。

A. 二甲苯　　　　　　B. 甲醇　　　　　　C. 乙醇　　　　　　D. 异丙醇

35. 使用组织捣碎器时，正确的操作是（　　）。

A. 样品无须清洗、去骨，可直接粉碎

B. 样品捣碎后倒出即可，无须清洁，可直接连续使用

C. 样品捣碎器可连续使用，无须停歇

D. 样品捣碎 1～2 min 后，间歇停休 1 min，再继续工作

36. 食品中 pH 值的测定，样液测定前应用（　　）润洗两个工作电极。

A. 有机溶剂　　　　B. 无 CO_2 的蒸馏水　C. 无水乙醇　　　　D. 待测样液

37. 电导率仪测定未知数值的样液时，正确操作仪器的是（　　）。

A. 从最大电导率挡开始测定，逐挡下降测定

B. 从最小电导率挡开始测定，逐挡增加测定

C. 从中位电导率挡开始测定

D. 以上操作都正确

38. 样品是指所取出的少量物料，其组成成分（　　）。

A. 代表部分物料的成分　　　　　　　　B. 代表劣质物料的成分

C. 代表优质物料的成分　　　　　　　　D. 代表全部物料的成分

39. （　　）是能损伤细菌外膜阳离子的表面活性剂。

A. 福尔马林　　　　B. 结晶紫　　　　　C. 漂白粉　　　　　D. 新洁尔灭

40. 防止微生物进入机体和物体的方法称为（　　）。

A. 灭菌操作　　　　B. 消毒操作　　　　C. 无菌操作　　　　D. 正确操作

41. 离开无菌室时应（　　）。

A. 先洗手消毒再脱衣帽鞋　　　　　　B. 先脱衣帽鞋再洗手消毒

C. A、B 都可以　　　　　　　　　　　D. 未污染不用洗手

42. 培养基按组成成分可分为（　　）、合成培养基、半合成培养基。

A. 营养培养基　　　B. 鉴定培养基　　　C. 选择培养基　　　D. 天然培养基

43. 微生物检验采样后，冷冻样品运送与保存时应始终处于冷冻状态。可放入（　　）℃以下的冰箱内，也可短时保存在泡沫塑料隔热箱内（箱内有干冰可维持在 0℃以下）。

A. −20　　　　　　B. −18　　　　　　C. −15　　　　　　D. −10

44. 速冻食品样品的保存温度应控制在（　　）℃范围内。

A. 0～4　　　　　　B. −10～6　　　　　C. −20～−18　　　D. 0

45. 将制备的 50 mL 检样转入至 250 mL 容量瓶内，洗涤烧杯数次，洗涤液一并转入容量瓶，该步操作过程称为（　　）。

A. 样品转移　　　B. 样品处理　　　C. 样品的定量　　　D. 样品的溶解

46. 化学试剂的储存应避免（　　）。

A. 阳光直射　　　B. 通风　　　　　C. 高温　　　　　　D. A、C 都正确

47. 实验室用三级水的电导率指标为（　　）（25℃）（mS/m）。

A. ≥0.5　　　　　B. ≤0.2　　　　　C. ≤0.5　　　　　D. ≤0.1

48. 一般溶液配制步骤正确的是（　　）。

A. 称取固体试剂→溶于适量水中→转入试剂瓶中→稀释到所需体积→贴好标签

B. 称取固体试剂→溶于适量水中→稀释到所需体积→转入试剂瓶中→贴好标签

C. 称取固体试剂→溶于适量水中→稀释到所需体积→贴好标签→转入试剂瓶中

D. 称取固体试剂→转入试剂瓶中→溶于适量水中→稀释到所需体积→贴好标签

49. 见光易分解的溶液应储存在（　　）中。

A. 硬质玻璃瓶　　　B. 棕色瓶　　　C. 聚乙烯瓶　　　　D. 广口试剂瓶

50. 10％氢氧化钠溶液的储存要求是（　　）。

A. 聚乙烯瓶　　　B. 避免阳光直射　　　C. 常温　　　　　D. 以上都是

51. 灭菌是杀灭物体中或物体上所有微生物的繁殖体和（　　）的过程。

A. 荚膜　　　　　B. 芽孢　　　　　C. 鞭毛　　　　　　D. 菌毛

52. 无菌室用的紫外线灯管每隔（　　）需用酒精棉球擦拭一次，清洁灯管表面，以免影响紫外线的穿透力。

A. 一周　　　　　B. 两周　　　　　C. 一个月　　　　　D. 两个月

53. 无菌室检验中若手被污染应在（　　）来苏尔中浸泡 10～20 min，再清洗。

A. 3%   B. 5%   C. 10%   D. 30%

54. 中温菌的最适生长温度为（   ）℃。

A. 25   B. 28   C. 42   D. 37

55. （   ）的甲醛可用于实验室霉菌的熏蒸。

A. 40%   B. 60%   C. 50%   D. 30%

56. 涂片固定的目的，主要是使细菌的细胞质凝固，杀死细菌；使菌体与玻片黏附得牢固；改变菌体对染料的（   ）。

A. 通透性   B. 着色度   C. 作用力   D. 亲和性

57. （   ）染色法不是特殊染色法。

A. 荚膜   B. 芽孢   C. 品红   D. 鞭毛

58. 菌落总数是用来判定食品被（   ）的标志。

A. 粪便污染   B. 致病菌污染   C. 人员污染   D. 污染程度

59. 平板计数琼脂培养基高压灭菌的温度、时间是（   ）。

A. 115℃ 15 min   B. 121℃ 20 min   C. 121℃ 15 min   D. 110℃ 20 min

60. 检验菌落总数时样品稀释注入平板操作应该是（   ）。

A. 一边稀释一边注入   B. 全部稀释好再注入

C. 都可以   D. 都不可以

61. 选取菌落数在（   ）CFU，无蔓延菌落生长的平板，作为菌落总数的计数范围。

A. 10～150   B. 30～150   C. 10～300   D. 30～300

62. 大肠菌群样品均液的 pH 值应在（   ）。

A. 5.5～6.5   B. 6.5～7.5   C. 5～6   D. 4.5～5.5

63. 与食品接触的工器具环节卫生检验抽样比例为实际用具的（   ）。

A. 1%～2%   B. 5%～10%   C. 10%～20%   D. 20%～25%

64. 采集操作人员手时，抽样人数不少于操作人员总数的（   ）。

A. 5%   B. 10%   C. 15%   D. 20%

65. 直接干燥法测定水分时，称取液体样品的铝皿中应预先放入（   ）及一根小玻璃棒。

A. 玻璃珠   B. 海砂   C. 沸石   D. 海盐

66. 用直接干燥法测定食品中水分，干燥器内变色硅胶的颜色变为（   ）时，需要及时更换硅胶。

A. 透明   B. 深蓝色   C. 绿色   D. 红色

67. 测定食品中灰分时，重复灼烧至前后两次称量相差不超过（　　）mg 为恒重。

A. 0. 10　　　　　　B. 1. 0　　　　　　C. 5. 0　　　　　　D. 0. 5

68. 关于样液的电导率测定，下列描述正确的是（　　　）。

A. 容器必须清洁干净，无离子污染

B. 容器应用硬质玻璃或塑料制成

C. 测定前用样液润洗容器

D. 以上都正确

69. 质量单位换算不正确的是（　　）。

A. 1 kg＝10^3 g　　B. 1 kg＝10^6 mg　　C. 1 kg＝10^6 μg　　D. 1 kg＝10^9 μg

70. 原始记录应有（　　）识别号码。

A. 连续性　　　　　B. 一致性　　　　　C. 唯一性　　　　　D. 重要性

知识考试模拟试卷（一）答案

一、判断题

1. × 2. √ 3. √ 4. × 5. √ 6. √ 7. × 8. × 9. √ 10. × 11. √ 12. ×
13. √ 14. × 15. × 16. √ 17. √ 18. √ 19. × 20. × 21. × 22. × 23. √
24. × 25. × 26. × 27. × 28. √ 29. √ 30. √ 31. × 32. √ 33. × 34. √
35. √ 36. × 37. × 38. √ 39. √ 40. √ 41. √ 42. √ 43. √ 44. × 45. ×
46. √ 47. × 48. √ 49. √ 50. √ 51. √ 52. √ 53. × 54. × 55. √ 56. ×
57. × 58. × 59. √ 60. √

二、单项选择题

1. D 2. A 3. D 4. A 5. D 6. B 7. A 8. C 9. C 10. C 11. D 12. B 13. D
14. B 15. D 16. C 17. A 18. A 19. D 20. A 21. D 22. A 23. C 24. C 25. C
26. B 27. D 28. D 29. C 30. A 31. D 32. C 33. C 34. A 35. D 36. D 37. A
38. D 39. D 40. C 41. A 42. D 43. C 44. C 45. A 46. D 47. C 48. B 49. B
50. D 51. B 52. B 53. A 54. D 55. A 56. A 57. C 58. D 59. C 60. A 61. D
62. B 63. B 64. D 65. B 66. D 67. D 68. D 69. C 70. C

知 识 考 试 模 拟 试 卷 （二）

一、判断题（将判断结果填入括号中。正确的填"√"，错误的填"×"。每题 0.5 分，共 30 分）

1. GB 5009.3—2010 标准是食品中水分检验的依据。 （   ）

2. 标准是对重复性事物和概念所做的一般规定。 （   ）

3. 没有食品安全国家标准或地方标准的，企业应当制定企业标准，作为组织生产的依据。 （   ）

4. 使用浓盐酸时应在通风柜内操作。 （   ）

5. 感官检验就是依靠人的感觉器官对产品的质量进行评价和判断。 （   ）

6. 感官检验人员应具有所检验的产品的专业知识，并对所检验产品感兴趣。 （   ）

7. 单位体积溶液中所含的溶质的质量称为体积分数。 （   ）

8. 培养基的主要成分是水和营养物质。 （   ）

9. 生物分析以物质的化学反应为基础，求出被检物品的组成和含量。 （   ）

10. 菌落总数能区分细菌的种类。 （   ）

11. 制备 1∶100 的稀释液是取 1∶10 的稀释液 1 mL，注入 10 mL 灭菌生理盐水或其他稀释液中混匀。 （   ）

12. 杆菌是细菌最常见的形态。 （   ）

13. 大肠杆菌是食品和饮用水卫生检验的指示菌。 （   ）

14. 试剂瓶不能加热，盛碱溶液要用胶塞或软木塞。 （   ）

15. 具有准确刻度线的量器不能放在烘箱中烘干。 （   ）

16. 培养皿用于微生物的培养繁殖，所以可以用火直接加热消毒灭菌。 （   ）

17. 用铁架台固定容器时，应使装置的中心落在铁架台顶部，保证稳定。 （   ）

18. 分析天平是精密仪器，无须预热，直接开机，即可使用。 （   ）

19. 显微镜使用时切忌用手或非擦镜纸涂抹各个镜面。 （   ）

20. 电热恒温干燥箱使用中，为保证实验数据的准确性，需对每个使用温度进行校验。 （   ）

21. 高温马弗炉使用时，为保证数据准确，必须进行仪器校验。 （   ）

22. 组织捣碎器每次使用时，旋转时间不宜过长，以防止电动机过热。 （   ）

23. 拍打器主要由前部混合均质拍击仓和后部控制运动部件组成。（　　）

24. 培养箱内不应放入过热过冷之物，以免箱内温度急剧变化。（　　）

25. 高压蒸汽灭菌锅可用于培养基、生理盐水、废弃的培养物及耐高热药品、纱布、玻璃等试验材料的灭菌。（　　）

26. 食品中 pH 值的测定，可使用酸度计或 pH 计。（　　）

27. 抽样是从整批产品中抽取一定量的代表优质产品的样品的过程。（　　）

28. 常用的抽样方法有纯随机抽样、等距抽样和类型性抽样等多种抽样方法。（　　）

29. 采样的量通常每份不少于 0.5 kg。（　　）

30. 固体与半固体样品在微生物采样的运送与保存时，为防止固有的微生物数量增值，应注意不要使样品过度潮湿。（　　）

31. 四分法可用于粮食、小麦、面粉样品的缩分。（　　）

32. 恒重是指在规定的条件下，连续两次干燥或灼烧后称重的质量差异不超过规定的范围。（　　）

33. 分析纯试剂的标签色带为红色，符号为 RA。（　　）

34. 大肠菌群是革兰氏阳性无芽孢杆菌。（　　）

35. 结晶紫中性红胆盐琼脂是大肠菌群复发酵试验的培养基。（　　）

36. 将每一个用具用一支拭子棒沾湿无菌稀释液，来回擦拭三次，然后将拭子棒放入 5 mL 无菌稀释液中搅动数次，制成原液，进行菌落总数和大肠菌群的检验。（　　）

37. 直接干燥法测定食品中水分，是利用食品中水分的化学性质，在一个标准大气压下，一定的温度条件下，采用挥发方法测定样品中干燥减失的质量。（　　）

38. 直接干燥法测定半固体食品水分时，加入海砂增大样品的表面积，有利于去除水分。（　　）

39. 减压干燥法测定食品中水分时，被减压烘干的只有食品中游离态的水。（　　）

40. 减压干燥法测定水分时，完成样品的烘干后，应立刻打开箱门取出样品进行冷却。（　　）

41. 食品的氯化钠测定中，用硝酸银标准溶液滴定试样中的氯化钠，需要用蒸馏水做试剂空白。（　　）

42. 食品检验中 pH 计使用时，仪器经过预热，即可直接读数测定样品的 pH 值。（　　）

43. 国际单位制的基本单位、辅助单位和导出单位都是国家法定计量单位。（　　）

44. 摄氏度的单位符号是℃。（　　）

45. 0.05 kg 等于 50 g。（　　）

46. 使用最可靠的分析方法、最精密的仪器和熟练细致的操作，可以消除误差。
（　　）

47. 相对误差是指某特定量的绝对误差与真实值之比。（　　）

48. 数字"0"表示小数点位置时，起定位作用，是有效数字。（　　）

49. 修约值比较法是将测定值或其计算值进行修约，修约位数需与标准的极限值书写位数一致。将修约后的数值与标准规定的极限数值进行比较，以判断其是否符合标准的要求。（　　）

50. 在乘除运算中，结果的保留应以小数点后位数最多的数据为根据。（　　）

51. 极限数值是指标准（或技术规范）中规定考核的以数量形式给出且符合该标准（或技术规范）要求的指标数值范围的界限值。（　　）

52. 电导率仪使用时，工作电极插头插入电极插孔，无须固定，即可读数测定样品。
（　　）

53. 原始记录为可追溯性提供证据。（　　）

54. 原始记录应有唯一性识别号码。（　　）

55. 使用电位滴定法分析食品相关组分时，原始记录中必须包含电位滴定仪的相关信息。（　　）

56. 数字修约时，拟舍去数字的最左一位数字小于5，则舍去，保留其余各位数字不变。
（　　）

57. 原始记录必须在检验过程中当场填写。（　　）

58. 容量分析法原始记录中，只有标准溶液消耗体积数参与结果计算，所以无须记录滴定管的初读数和终读数。（　　）

59. 食品生产企业应当制定记录管理的程序文件，对记录编制、填写、更改、标识、收集、检索等环节的职责、要求等予以明确。（　　）

60. 灰分测定原始记录中不需要包含样品灰化后第一次称重的记录，只需记录第二次恒重后的结果。（　　）

二、单项选择题（选择一个正确的答案，将相应的字母填入题内的括号中。每题1分，共70分）

1. 不属于食品的是（　　）。

A. 阿司匹林　　　B. 年糕　　　C. 水果　　　D. 可乐

2. 检验是通过（　　）所进行的符合性评价。

A. 观察、判断　　　　　　　B. 测量

C. 试验　　　　　　　　　　D. 观察、判断、测量、试验

3. 食品检验的任务是（   ）。

A. 对加工过程的物料及产品质量进行控制和管理

B. 对储藏和销售过程中食品的安全进行全过程质量控制

C. 对资源和新产品的开发，新工艺的探索提供科学依据

D. 以上都是

4. 不属于食品安全事故的是（   ）。

A. 食物中毒　　　　　B. 食源性疾病　　　　　C. 食品污染　　　　　D. 流行性感冒

5. 食品安全管理制度不包括（   ）。

A. 食品安全管理人员制度　　　　　　　　B. 进货索证索票制度

C. 食品进货查验记录制度　　　　　　　　D. 食品从业人员薪酬管理制度

6. 以下试验设备投用前需经校准合格的是（   ）。

A. 称量瓶　　　　　B. 安培瓶　　　　　C. 容量瓶　　　　　D. 试剂瓶

7. 操作台面或地面被微生物菌液污染，应立即喷洒消毒液，待消毒液彻底浸泡（   ）min，再进行清理。

A. 60　　　　　B. 30　　　　　C. 10　　　　　D. 5

8. 将面粉样品在黑纸上撒一薄层，然后与适当的标准颜色或标准样品做比较，仔细观察其色泽异同。采用的是（   ）。

A. 视觉检验　　　　　B. 嗅觉检验　　　　　C. 差别检验　　　　　D. 理化检验

9. 预包装食品标签中净含量标示不规范的是（   ）。

A. 由净含量、数字和法定计量单位组成

B. 液体食品净含量用体积 L（升）、mL（毫升）表示

C. 固体食品用质量 g（克）、kg（千克）表示

D. 半固体或黏性食品用 g/mL、kg/L 表示

10. 测定某液态食品的相对密度属于（   ）。

A. 生物分析　　　　　B. 物理分析　　　　　C. 化学分析　　　　　D. 仪器分析

11. 不属于食品微生物检验中的常规检验的是（   ）。

A. 细菌　　　　　B. 霉菌　　　　　C. 酵母　　　　　D. 放线菌

12. 用于容量分析滴定中盛放基准物或待测液的是（   ）。

A. 称量瓶　　　　　B. 烧杯　　　　　C. 锥形烧瓶　　　　　D. 试剂瓶

13. 用于容量分析滴定操作的是（   ）。

A. 移液管　　　　　B. 滴定管　　　　　C. 比色管　　　　　D. 离心管

14. 在蒸馏中作冷凝装置的冷凝管的种类有（   ）。

A. 棕色、无色　　　　　　　　　　　B. 直形、球形、蛇形

C. 酸式、碱式　　　　　　　　　　　D. 磨口、广口、细口

15. 洗涤沾有油污的烧杯时应选用（　　）。

A. 铬酸洗液　　　　B. 碱性洗液　　　　C. 盐酸　　　　D. 硫酸

16. 滴定管不可用（　　）方法进行干燥。

A. 晾干　　　　B. 烘干　　　　C. 冷风吹干　　　　D. A、C 都可以

17. 滴定管、移液管的存放可采用（　　）。

A. 置于防尘盒内　　　　　　　　　B. 倒置在滴定管架和移液管架上

C. 上盖玻璃短试管或塑料套管　　　D. 以上都是

18. 托盘天平称量完毕后，操作不正确的是（　　）。

A. 用手直接将砝码放回盘内　　　　B. 称量后把游码标尺的游码归零

C. 用镊子或手套将砝码归位　　　　D. 托盘天平打扫干净

19. 食品检验中使用有机试剂加热回流处理样品时使用的设备有（　　）。

A. 电炉　　　　　　　　　　　　　B. 电热帽

C. 酒精喷灯　　　　　　　　　　　D. 电热恒温水浴锅

20. 关于电热恒温水浴锅，操作正确的是（　　）。

A. 水浴锅内放入清水至适当深度

B. 安装接地线，接电源线，注意水箱是否漏水

C. 水浴锅的水温升至预定温度时，起恒温作用

D. 以上都是

21. （　　）不属于电热恒温干燥箱的组成部分。

A. 真空泵　　　　　　　　　　　　B. 箱体

C. 电热系统　　　　　　　　　　　D. 自动恒温控制系统

22. 高温马弗炉的工作温度通常不宜高于（　　）℃。

A. 2 000　　　　B. 1 800　　　　C. 1 500　　　　D. 1 200

23. 组织捣碎器使用前，正确的操作是（　　）。

A. 检查转动轴、刀片的连接

B. 检查转动轴、刀片与器壁的触碰

C. 检查电动机转动轴的转动是否灵活

D. 以上都正确

24. 拍打器使用的均质袋是（　　），应妥善保存。

A. 塑料袋　　　　B. 纸袋　　　　C. 无菌塑料袋　　　　D. 无菌纸袋

25. 培养箱应每（　　）进行一次计量检定，以保证检测结果的准确性。

A. 半年　　　　　　B. 一年　　　　　　C. 一年半　　　　　　D. 两年

26. 高压灭菌锅上的压力表每（　　）应校准一次。

A. 半年　　　　　　B. 一年　　　　　　C. 一年半　　　　　　D. 两年

27. pH计使用中，若玻璃电极的玻璃球膜上有油污，应将玻璃电极依次浸入（　　）中清洗。

A. 乙醇、乙醚、乙醇　　　　　　　　B. 乙醇、水、乙醇

C. 水、乙醚、乙醇　　　　　　　　　D. 乙醚、乙醇、乙醚

28. 电导率仪使用前，需开机预热（　　）。

A. 数分钟（待指针完全稳定为止）　　B. 至少12 h

C. 至少24 h　　　　　　　　　　　　D. 以上都正确

29. 高纯水的电导率测定时，应迅速测量，以免（　　），影响测定结果。

A. 容器器壁上的污物溶入样液　　　　B. 空气中的二氧化碳溶于水

C. 空气中的二氧化硫溶于水　　　　　D. 空气中的二氧化氮溶于水

30. 抽样方案应包含（　　）。

A. 抽样方法和抽样日期　　　　　　　B. 抽样频次和抽样日期

C. 抽样数量和抽样人　　　　　　　　D. 抽样方法和抽样数量

31. 食品样品采样时应注意（　　）。

A. 样品的代表性　　　　　　　　　　B. 采样工具的清洁

C. 采样记录　　　　　　　　　　　　D. 以上都是

32. 采用虹吸法取样，分别吸取上、中、下层样品各0.5 L的产品是（　　）。

A. 瓶装可乐　　　　　　　　　　　　B. 散装白砂糖

C. 大桶装酱油　　　　　　　　　　　D. 定型包装的奶酪

33. 用于微生物检验的样品，为确保所采集的样品具有代表性，应采用（　　）原则进行采样。

A. 无菌　　　　　　B. 随机　　　　　　C. 有序　　　　　　D. 针对性

34. 微生物检验采样时，采样记录上不需记录（　　）。

A. 采样人员　　　　　　　　　　　　B. 样品生产的设备型号

C. 样品名称　　　　　　　　　　　　D. 保存条件

35. 样品制备的目的是（　　）。

A. 保证样品的水分不丢失　　　　　　B. 保证样品不受污染

C. 保证样品十分均匀　　　　　　　　D. 以上都是

36. 用移液管来取得一定量的液体的操作称为 （　　）

A. 量取　　　　　　　B. 吸取　　　　　　　C. 称取　　　　　　　D. A、B 都可

37. 溶解过程往往伴随着 （　　） 现象的出现。

A. 颜色的变化　　　　B. 热量的吸收　　　　C. 热量的放出　　　　D. 以上都是

38. 空白试验可以减少测定中的 （　　） 误差。

A. 偶然　　　　　　　B. 系统　　　　　　　C. 操作　　　　　　　D. 随机

39. 化学试剂储存柜应设置在 （　　） 位置，以防一旦事故发生造成伤害和损失。

A. 安全　　　　　　　　　　　　　　　　　B. 室内严禁明火

C. 消防设施器材完备　　　　　　　　　　　D. 以上都是

40. 检验方法中未指明溶液用何种溶剂配置时，指的是 （　　） 溶液。

A. 乙醇　　　　　　　B. 甲醇　　　　　　　C. 水　　　　　　　　D. 非水

41. 干热灭菌法一般是把待灭菌的物品包装后，放入干燥箱中加热至 （　　）。

A. 160℃，维持 2 h　　　　　　　　　　　B. 170℃，维持 2 h

C. 180℃，维持 2 h　　　　　　　　　　　D. 160℃，维持 4 h

42. 常用卤素及其化合物的消毒试剂有碘酒和 （　　） 等。

A. 来苏水　　　　　　B. 漂白粉　　　　　　C. 新洁而灭　　　　　D. 石灰水

43. 无菌室缓冲间和工作间两者比例可为 （　　），高度 2.5 m 左右为适宜。

A. 1∶1　　　　　　　B. 1∶2　　　　　　　C. 1∶3　　　　　　　D. 1∶4

44. 培养基按物质的性质和用途分为基础培养基、营养培养基、选择培养基、鉴定培养基、厌氧培养基和 （　　）。

A. 液体培养基　　　　　　　　　　　　　　B. 固体培养基

C. 半固体培养基　　　　　　　　　　　　　D. 活体培养基

45. 制备营养琼脂平板或斜面时琼脂的质量分数应为 （　　）。

A. 2%　　　　　　　　B. 1.5%　　　　　　　C. 3%　　　　　　　　D. 1%

46. 非染色标本制作时应选用新鲜的 （　　）。

A. 衰老培养物　　　　B. 幼稚培养物　　　　C. 成熟培养物　　　　D. 样品

47. （　　） 不是细菌的形态。

A. 大小　　　　　　　B. 球状　　　　　　　C. 杆状　　　　　　　D. 星形

48. （　　） 不是大肠菌群计数（第一法）的操作步骤。

A. 样品稀释　　　　　B. 初发酵　　　　　　C. 复发酵　　　　　　D. 平板计数

49. 食品接触的生产设备环节卫生检验抽样面积应占食品接触总面积的 （　　）。

A. 1%～2%　　　　　　B. 5%～10%　　　　　C. 10%～20%　　　　　D. 20%～25%

50. 清洁消毒效果在消毒前后菌落总数减少（　　）以上为合格。

A. 80%　　　　　　　　B. 60%　　　　　　　　C. 50%　　　　　　　　D. 30%

51. 10 000级洁净区沉降菌/皿，30 min不得超过（　　）个菌落。

A. 1　　　　　　　　　B. 10　　　　　　　　　C. 3　　　　　　　　　D. 15

52. 直接干燥法测定水分时，称量瓶必须经过（　　）后方可称取样品。

A. 加热　　　　　　　　B. 恒重　　　　　　　　C. 冷却　　　　　　　　D. 干燥

53. 直接干燥法测定食品中水分时，m_1为称量皿和样品的质量54.162 9 g，m_2为称量皿和样品干燥后的质量52.145 7 g，m_3为称量皿的质量49.914 2 g，该实验结果是（　　）。

A. 52.5%　　　　　　　B. 52.6%　　　　　　　C. 11.6%　　　　　　　D. 12%

54. 直接干燥法测定食品中水分，干燥器内变色硅胶的量应占底部容积的（　　）。

A. 越多越好　　　B. 1/3~1/2　　　C. 1/5~1/4　　　D. 有一些即可

55. 减压干燥法测定水分时，烘箱内工作压力为（　　）kPa。

A. 30~40　　　　　　　B. 35~40　　　　　　　C. 40~53　　　　　　　D. 30~53

56. 减压干燥法测食品中水分时，平行试验结果 $X_1 = 16.0\%$，$X_2 = 16.4\%$，则本实试结果在重复性条件下获得的两次独立测定结果的绝对差值不得超过算术平均值是（　　）%。

A. 3.01　　　　　　　　B. 2.5　　　　　　　　C. 2.86　　　　　　　　D. 2.8

57. 减压干燥法测定食品中水分，样品的适用范围包括（　　）。

A. 谷物及其制品　　　　　　　　　　　B. 糖和味精

C. 油脂和香辛料　　　　　　　　　　　D. 可可粉和茶叶

58. 含磷量较高的豆类样品测定灰分时，样品称取后可先加入（　　）溶液，使样品完全湿润后再进行测定，同时做空白试验。

A. 硝酸镁　　　　　　　B. 硫酸镁　　　　　　　C. 乙酸镁　　　　　　　D. 乙酸锌

59. 除淀粉及其衍生物之外的食品样品灰分测定时，样品在马弗炉中灼烧的温度通常为（　　）℃。

A. 400±25　　　　　　B. 450±25　　　　　　C. 550±25　　　　　　D. 650±25

60. 测定酱油中氯化物含量时，用硝酸银标准溶液滴定试样中的氯离子，以铬酸钾为指示剂，滴定终点为初显（　　）。

A. 粉红色　　　　　　　B. 橘红色　　　　　　　C. 砖红色　　　　　　　D. 蓝色

61. 标定硝酸银标准溶液时使用的基准试剂是（　　）。

A. 氯化钠　　　　　　　　　　　　　　B. 邻苯二甲酸氢钾

C. 碘化钾   D. 硫代硫酸钠

62. 配制 1‰酚酞指示剂的正确操作是将 1 g 酚酞溶于 60 mL（   ）中，用水稀释至 100 mL。

     A. 蒸馏水   B. 丙酮   C. 95％乙醇   D. 甲醇

63. 以酚酞作为指示剂的酸碱滴定法不适用于（   ）中总酸（或酸度）的测定。

     A. 色深的酱油   B. 面包   C. 透明的果汁饮料   D. 荔枝干果类

64. 测定食品 pH 值，通常用（   ）活度表示有效酸度。

     A. OH^- B. H^+ C. K^+ D. Cl^-

65. 国际单位制基本单位中表示时间的单位是（   ）。

     A. 米   B. 千克   C. 开尔文   D. 秒

66. 表示千的词头用（   ）。

     A. k   B. M   C. m   D. μ

67. 体积单位换算不正确的是（   ）。

     A. $1\ L = 10^3\ mL$ B. $1\ mL = 10^{-3}\ L$ C. $1\ mL = 10^3\ \mu L$ D. $1\ mL = 10^3\ L$

68. 测量误差是指测量结果减去被测量的（   ）所得的差，简称误差。

     A. 多次测定的平均值   B. 约定真值

     C. 真实值   D. 已修正的测定值

69. $13.8 + 1.2 - 23.304\ 1 = -8.304\ 1$，计算结果应为（   ）。

     A. -8.3 B. -8.30 C. -8.304 D. $-8.304\ 1$

70. 食品生产企业应当对（   ）进行归档、储存、维护和清理。

     A. 原料验收记录   B. 半成品、成品检验记录

     C. 生产过程控制记录   D. 以上都是

知识考试模拟试卷 (二) 答案

一、判断题

1. √ 2. × 3. √ 4. √ 5. √ 6. × 7. × 8. × 9. × 10. × 11. × 12. √
13. √ 14. √ 15. √ 16. × 17. × 18. × 19. √ 20. √ 21. √ 22. √ 23. √
24. √ 25. √ 26. √ 27. × 28. √ 29. √ 30. √ 31. √ 32. √ 33. × 34. ×
35. × 36. √ 37. × 38. √ 39. × 40. × 41. √ 42. × 43. √ 44. √ 45. √
46. × 47. √ 48. × 49. √ 50. × 51. √ 52. × 53. √ 54. √ 55. √ 56. √
57. √ 58. × 59. √ 60. ×

二、单项选择题

1. A 2. D 3. D 4. D 5. D 6. C 7. B 8. A 9. D 10. B 11. D 12. C 13. B
14. B 15. B 16. B 17. D 18. A 19. D 20. D 21. A 22. D 23. D 24. C 25. B
26. A 27. A 28. A 29. B 30. D 31. D 32. C 33. B 34. B 35. C 36. B 37. D
38. B 39. D 40. C 41. A 42. B 43. B 44. D 45. A 46. B 47. A 48. D 49. C
50. B 51. C 52. B 53. A 54. B 55. C 56. C 57. C 58. B 59. C 60. B 61. A
62. C 63. A 64. B 65. D 66. A 67. D 68. C 69. A 70. D

技能考试模拟试卷 （一）
试 题 单

试题代码：×．×．×。

试题名称：瓶装饮用水中菌落总数测定。

规定用时：180 min。

1. 操作条件

（1）瓶装饮用水样品。

（2）无菌室。

（3）常用玻璃器皿。

（4）常用平板计数琼脂培养基和稀释液。

（5）检验标准：GB 4789.2—2010、GB/T 4789.21—2003。

（6）符合标准要求的常用设备。

（7）常用耗材（记号笔、酒精灯、打火机、消毒酒精棉球、镊子、吸球、洗耳球、量筒、采样瓶）。

2. 操作内容

（1）选用检测设备、培养基和试剂。

（2）测定纯净水中菌落总数，对考场提供的菌落培养结果计数。

（3）填写检验原始记录。

（4）对检测结果做出符合性判定，并进行试验后消毒处理。

3. 操作要求

（1）正确选择检测设备、培养基和试剂。

（2）按标准正确操作

1）无菌操作。

2）样品制备。

3）菌落总数测定操作步骤。

4）检验结果观察与判断。

（3）正确填写试验原始记录。

（4）对所测内容做出正确的判断。

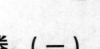

技能考试模拟试卷（一）
答题卷

试题代码：×.×.×。

试题名称：瓶装饮用水中菌落总数测定。

规定用时：180 min。

1. 选用设备（见表卷—1）

表卷—1   选用设备

选用设备、设备编号及计量状态	选用培养基、试剂

2. 试验记录表（见表卷—2）

表卷—2   试验记录表

样品名称		检验方法依据		
样品编号		样品性状		
样品数量		检验地点		
检验结果记录				
稀释度				空白值
实测值				
实测结果				
计算方法				
标准值				
单项检验结论				
培养条件	温度：　　　　　　时间：			

备注：

检验人员：　　　　　　　　　　　　检验日期：

技能考试模拟试卷（一）
评分标准（见表卷—3）

评价要素	配分	评分细则
正确选择检验设备、培养基和试剂，正确进行样品制备	20	1. 正确选择恒温培养箱 36℃±1℃，有计量合格标识，且在有效鉴定周期内 2. 正确选择恒温水浴箱 46℃±1℃ 3. 正确选择平板计数琼脂培养基 4. 正确选择无菌生理盐水稀释液 5. 样品的制备：要求无菌操作，吸取样品 25 mL 放入无菌均质杯内，加入 225 mL 无菌生理盐水，充分混合均匀，制成 1∶10 的均匀稀释液
按标准正确操作	50	1. 符合无菌操作 (1) 观察瓶口、管口、器具灭菌和样品处置方法 (2) 观察无菌器具取出和使用方法 2. 正确的操作步骤 (1) 吸管的使用：观察吸管规格选择和使用方法 (2) 稀释液的制备：选择两个适宜连续稀释度（观察稀释方法） (3) 平皿的接种：每个稀释度（观察稀释度标示内容）分别取 1 mL 稀释液接种两个平皿（稀释同时接种平皿） (4) 按操作步骤稀释、接种 (5) 空白对照：分别取 1 mL 空白稀释液加入两个无菌平皿 (6) 平皿浇注：将 46℃左右，15~20 mL 培养基倾注在平皿中，转动平皿混合均匀（观察旋转平皿方法） (7) 培养：琼脂凝固后，翻转平皿 (8) 培养条件：置于 36℃±1℃培养箱，48 h±2 h 培养

评价要素	配分	评分细则
正确填写原始记录	10	1. 正确填写每一项内容 2. 空缺项规范表示"/" 3. 修改规范，用杠改，签名 4. 试验记录清晰，杠改不大于 3 处 5. 结果报告正确（CFU/mL）
正确判断检验结果	20	1. 记录检样量应与操作检样量一致 2. 计数：选取菌落在 30～300 CFU 之间的平板 3. 计算：只有 1 个稀释度符合要求时，取 2 个平皿的平均值乘以稀释度；若有 2 个连续稀释度符合要求时，按计算公式：$N = \sum C/(n_1 + 0.1n_2)d$ 计算 4. 计数正确 5. 计算正确 6. 报告正确 7. 判断：对照参考标准做出符合性判断 8. 整理试验器具，用酒精棉球消毒台面
合计配分	100	

技能考试模拟试卷 (二)
试题单

试题代码：×.×.×。

试题名称：小麦粉中灰分的测定。

规定用时：180 min。

1. 操作条件

（1）小麦粉样品。

（2）常用器皿：已经恒重的坩埚置于干燥皿内。

（3）常用设备。

（4）常用化学试剂。

（5）检验标准：GB/T 5505—2008。

（6）小麦粉中灰分标准值。

2. 操作内容

（1）选定所需的检测设备及工具。

（2）按标准要求进行检测（本次鉴定马弗炉高温灼烧时间由标准规定的 2～3 h 至黑色炭粒完全消失变为灰白色为止，改为 2 min；干燥皿内冷却时间由标准规定的冷却至室温改为冷却 15 min；重复操作前后两次质量差不超过 50 mg，即为恒重）。

（3）填写试验结果记录表。

（4）对所测结果做出符合性判断。

（5）试验后清洁和整理。

3. 操作要求

（1）正确选定有效检测设备（工具）。

（2）严格按标准要求进行操作。

（3）正确填写灰分实验结果记录表，空缺项规范表示成"—"。

（4）对所测结果做出正确的判断。

技能考试模拟试卷（二）
答 题 卷

试题代码：×.×.×。

试题名称：小麦粉中灰分的测定。

规定用时：180 min。

1. 选用设备（见表卷—4）

表卷—4　　　　　　　　　　　　　　　选用设备

选用设备、设备编号	计量状态

2. 试验结果记录（见表卷—5）

表卷—5　　　　　　　　　　　　　试验结果记录

样品名称		检验依据	
环境温度/湿度（℃/ %）		取样/检测日期	
平行试验		1	2
已恒重的坩埚质量 m_1（g）			
样品质量＋坩埚质量 m_2（g）			
灼烧温度：		灼烧时间：	
坩埚＋样品灰化后的质量 m_3（g）	第一次称重		
	第二次称重		
灰分计算公式： $X=\dfrac{m_3-m_1}{m_2-m_1}\times100$	计算 过程		
灰分含量 X（　）			
灰分含量平均值（　）			
相对相差（　）			
标准值（　）			
单项检验结论			

备注：

检测人：　　　　　　　　　　　　　　检测日期：

技能考试模拟试卷(二) 评分标准(见表卷—6)

表卷—6   评分标准

评价要素	配分	评分细则
正确选用合适的检验设备和试剂	20	1. 天平、电炉、马弗炉选择正确 2. 天平、马弗炉贴有计量合格标识 3. 天平、马弗炉使用期均在有效鉴定周期内 4. 选用干燥皿冷却坩埚
按标准正确操作	50	1. 准确称取已恒重的坩埚、样品的质量,并记录数值,样品平行测定 2. 在电热板(或电炉)上以小火加热使试样充分炭化至无烟 3. 坩埚盖斜支于坩埚边,放入马弗炉内 2 min,冷却至200℃左右,取出 4. 坩埚加盖置于干燥器内冷却 15 min,称取质量并记录 5. 坩埚放入马弗炉 2 min,冷却至200℃左右取出,干燥皿内冷却 15 min 后,称取质量并记录。 6. 重复操作,前后两次质量差不超过 50 mg,即为恒重
正确填写原始记录	20	1. 正确填写每一项内容,空缺项规范表示"/" 2. 修改规范,用杠改,签名 3. 试验记录清晰,杠改不多于 3 处 4. 结果单位正确(按照标准值) 5. 样品平行试验相对误差以％表示 6. 原始记录当场填写
对所测内容做出正确的质量判断	10	1. 样品试验结果计算正确 2. 有效位数修约正确 3. 样品平行试验结果相对误差计算正确 4. 样品平行试验结果相对误差要求≤5％ 5. 正确做出符合性判断
合计配分	100	

参 考 文 献

张济新. 分析化学实验［M］. 上海：华东理工大学出版社，1992.

GB 5009—2010、2012《食品安全国家标准　理化部分》

GB/T 5009—2003、2008《食品卫生检验方法　理化部分》

GB 4789—2010《食品安全国家标准　微生物学检验》

GB/T 4789.3—2003《食品卫生检验方法　微生物学部分》

GB/T 8538—2008《饮用天然矿泉水检验方法（大肠菌群　多管发酵法）》